ZONGLIANG
KONGZHI
ZHIDU DE YOULAI HE
ZHONGGUO SHIJIAN

总量控制

制度的由来和中国实践

宋福敏◎著

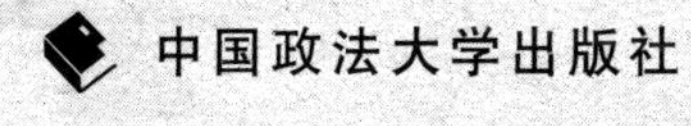

2017·北京

图书在版编目（CIP）数据

总量控制制度的由来和中国实践/宋福敏著.—北京:中国政法大学出版社,2017.4
ISBN 978-7-5620-7480-9

Ⅰ.①总… Ⅱ.①宋… Ⅲ.①人类－关系－生态环境－研究－中国 Ⅳ.①X321.2

中国版本图书馆CIP数据核字(2017)第074519号

出 版 者　中国政法大学出版社
地　　址　北京市海淀区西土城路25号
邮寄地址　北京100088信箱8034分箱　邮编100088
网　　址　http://www.cuplpress.com (网络实名：中国政法大学出版社)
电　　话　010-58908586(编辑部) 58908334(邮购部)
编辑邮箱　zhengfadch@126.com
承　　印　固安华明印业有限公司
开　　本　880mm×1230mm　1/32
印　　张　5.5
字　　数　130千字
版　　次　2017年4月第1版
印　　次　2017年4月第1次印刷
定　　价　26.00元

PREFACE
序

随着各种各样的环境污染事故的频发，极端自然灾害天气的不断出现，自然资源的日益短缺与枯竭，自然环境的退化与破坏等，使我们意识到了环境问题的严重性，“环境危机”这个我们不得不选择的时刻已经来到或者说已存在许久。不知曾几何时，“环境”在我们每一个人的心目中，已经不能用清新、优美等形容，而是恶劣、严重、损害等贬义词。

环境污染、资源减少、生态破坏、环境退化等自然环境问题的产生正是由于人口数量的不断增长，并因科学技术的迅速发展，人类能在空前规模上改造和利用环境，其活动及其影响超出了环境能力或环境承受力的极限而出现的后果。面对这一后果，我们选择了一个又一个的方法、制度来应对这场艰难的、持久的，甚至是没有尽头的“战争”。总量控制制度正是基于这种人与自然资源、环境关系失衡，在解决有限的环境能力与事实上已经超出或在局部已经超出环境能力的人类需求之间的关系问题中产生的，其本质是要求将人类的环境“索”与“投”严格控制在环境容量、自然资源承载力范围之内。

按照时间顺序，总量控制制度首先实践于人口总量控制，其次是自然资源利用，再是环境污染治理和臭氧层保护等领域。

人口数量与后几项紧密关联，相互制约，因为自然资源所能供养的人口数量、环境所能承受的人类累加的排放行为都有一个极限。正是人口数量的不断增长，进而不断索取自然资源和排放污染物质，最终导致了环境危机的出现。因此，处理好人口、自然资源、环境的协调与平衡问题是实现人与自然和谐的明智之径。具体到中国而言，面对具体的总量控制制度存在的问题，思考并探究如何对其进行完善是一个非常有意义的挑战，这也是我们面对环境危机不得不承担的一项使命。

宋福敏

2017 年 2 月 17 日于中国海洋大学崂山校区博士公寓

ABSTRACT
摘 要

总量控制制度是基于人与自然资源、环境关系失衡，在解决有限的环境能力与事实上已经超出或在局部已经超出环境能力的人类需求之间的关系问题中产生的。其首先实践于人口总量控制，其次是自然资源利用，再是环境污染治理和臭氧层保护。我国现有的总量控制实践类型包括人口总量控制、资源利用总量控制、污染物排放总量控制、消耗臭氧层物质总量控制等，这些制度的确立在控制人口总数、保护资源、防治污染、削减消耗臭氧层物质等方面发挥了很大的作用。但不可否认的是，这些制度在具体实践过程中存在一系列问题，究其原因就在于没有科学的总量确定机制、没有科学的分配机制、监管机制不健全、责任追究机制更不完善等因素制约。针对这些问题，本书以污染物排放总量控制制度为视角探究如何完善总量控制制度。

污染物排放总量控制制度是一项重要的污染防治法律制度，是减少环境污染的“总闸门”。理论上，污染物排放总量控制制度在实现污染控制目标、改善环境质量方面是必然有效的。但实践中，其并没有得到有效的实施，自然没有真的产生应用的效果。原因在于，污染物排放总量控制并没有真正的形成制度，还停留在宣言、愿望层面，缺乏一系列保障其有效运行的具体制度措施办法。如没有确定污染物排放总量的具体办法，没有排放总量统计的具体办法，没有排放量初始分配的具体办法，没有监测是否超出排污许可证的具体办法，没有建立排放监督管理制度从而致使排污单位超过排放许可量也不会遭到惩罚，超许可排放也没有具体的处理办法，基于行政区划的污染物排放总量控制制度的实施也存在局限性。上述这些问题的存在影响了污染物排放总量控制制度在实现污染控制目标方面预期效果的发挥，最终致使环境质量得不到根本改善，环境问题依旧不断增加，环境污染事件仍是频发。基于此，为实现污染的控制目标和有效改善环境质量，本书提出摒弃全国性的总量控制目标确定后再层层分解的模式，采取流域性、海域性、区域性等基于环境单位的污染物排放总量控制模式。重点构建保障污染物排放总量控制制度有效落实的纳污总量测算制度、排放量统计制度、排放量初始分配制度、排污配额交易制度、排放监督制度、超量排放责任制度六项重要具体制度，最后提出推进污染物排放总量控制制度有效落实的对策，主要包括借鉴美国的先进经验、完善和创设必要的法律文件，以及污染物排放总量控制制度与环境影响评价、区域限批等主要制度的协调与配合，以期解决阻碍污染物排放总量控制制度难以行之有效的制约因素。

CONTENTS
目 录

第一章
总量控制制度的由来

环境污染、资源减少、生态破坏、环境退化等自然环境问题的产生正是由于人口数量的不断增长，并因“科学技术的迅速发展，人类能在空前规模上改造和利用环境”〔1〕，其“活动及其影响超出了环境能力或环境承受力的极限而出现的后果”〔2〕。总量控制制度正是基于这种人与自然资源、环境关系的失衡，在解决有限的环境能力与事实上已经超出或在局部已经超出环境能力的人类需求之间的关系问题中产生的，其本质是要求将人类的环境“索”与“投”被严格控制在环境容量、自然资源承载力范围之内。总量控制制度首先实践于人口总量控制，其次是自然资源利用，再是环境污染治理和臭氧层保护。人口数量与后三项紧密关联，相互制约。因为自然资源所能供养的人口数量、环境所能承受的人类累加的排放行为都有一个极限，正是人口数量的不断增长，进而不断索取自然资源和排放污染物质，才最终导致了环境危机的出现。因此，处理好人口、自然资源、环境的协调与平衡问题是实现人与自然和谐的明智之径。

---

〔1〕《人类环境会议宣言》。

〔2〕徐祥民：“荀子的分与环境法的本位”，载《当代法学》2002年第12期。

第一节 人口与自然资源、环境的冲突——人口总量控制产生的根源

“人口问题不仅仅表现为数字的大小，而在于这个数字对有限的资源和环境容量的需求，在于人口与资源环境之间的紧张关系。”[1]在人口总量控制方面，总量控制中的“总量”是指人口总的数量，其产生的根源就在于无限制的人口增长与有限的自然资源、生存环境存在严重冲突。为保证自然资源的可持续利用、抑制愈演愈烈的环境问题，必须采取有效措施控制人口无节制地增长，让其保持在自然资源可以供养、环境可以承载的适度范围内。控制人口数量的思想渊源最早可上溯到韩非的“民众财寡”和柏拉图、亚里士多德的“适度人口”[2]。有关人口论的著作最早是洪亮吉于1793年写的《意言》，他在第六篇《治平篇》“以一家为例，揭示出人口增长过快必定会使土地、房屋及其他生活资料显得越来越紧张”[3]。1798年，马尔萨斯在其著作《人口原理》中第一次阐述了生活资料对人口增长的制约，提出了“要限制人口增长，使二者保持平衡”[4]。1949年，威廉·福格特的《生存之路》揭示了人类与生存环境既依赖又影响的关系，指出人口在增加，资源将枯竭，由于长

---

〔1〕 徐祥民：《中国环境法制建设发展报告》（2010年卷），人民出版社2013年版，第148页。

〔2〕 “土地承载力”，载http://baike.baidu.com/view/814794.htm? fr=aladdin，访问时间：2014年7月22日。

〔3〕 “人口论”，载http://baike.baidu.com/link? url=YOWzQ1VKH463rQ1YQ3-xMB87JMoY793iSnurRVwp1oO3mX2yCA2hdZC1ZjxLetR7_ iuBrlsPEY85vwsNaGgf1q，访问时间：2014年7月26日。

〔4〕 “人口论”，载http://baike.baidu.com/link? url=YOWzQ1VKH463rQ1YQ3-xMB87JMoY793iSnurRVwp1oO3mX2yCA2hdZC1ZjxLetR7_ iuBrlsPEY85vwsNaGgf1q，访问时间：2014年7月26日。

期严重地违背某些自然规律，人类已处于岌岌可危的境地。1972年，在斯德哥尔摩会议上通过的《人类环境会议宣言》指出“人口的自然增长不断给保护环境带来一些问题”，倡导“在人口增长率或人口过分集中可能对环境或发展产生不良影响的地区，或在人口密度过低可能妨碍人类环境改善和阻碍发展的地区，都应采取不损害基本人权和有关政府认为适当的人口政策”〔1〕。1974年8月，在布加勒斯特召开的第一次关于人口问题的全球政府间会议上通过的《世界人口行动计划》指出了世界人口发展状况和增长趋势，强调人口增长和社会需求应相互协调。1987年，《我们共同的未来》指出：“人口正以现有的环境资源无法长期支持的速率增长……问题不是人口的数量有多大，而是如何将这些数量与现有的资源相联系。”〔2〕1992年，《环境与发展宣言》指出：“为了实现持续发展和提高所有人的生活质量，各国应减少和消除不能持续的生产和消费模式和倡导适当的人口政策。”1994年，开罗国际人口与发展会议通过的《国际人口与发展大会行动纲领》指出：“可持续发展问题的中心是人。”1995年，我国政府制定的《中国21世纪议程》以“人口、环境与发展白皮书”为副标题，突出了这三者的协调与平衡。1999年3月12日，我国召开了第一次人口、资源、环境工作座谈会，资源问题第一次与人口和环境问题一起成为“两会”之际高规格座谈会的主题。

“世界上第一个制定限制生育率和人口增长政策的国家是战后的日本。1946年~1952年盟军占领时期，日本开始推行这种政策，而且在1952年日本恢复主权后仍持续不变。当时是出于

〔1〕《人类环境会议宣言》。

〔2〕《我们共同的未来》。

战败和经济困难的情况下提出的要控制人口数量。"[1]"将人口控制作为国家计划主要支柱的第一个发展中国家是印度。印度政府从1952年以来便致力抑制人口增长。"[2]美国于1969年制定的《美国国家环境政策法》提出"谋求人口与资源的利用达到平衡"[3]。在我国，虽然国家领导人有过对人口过多的担忧，如1957年3月，马寅初便在最高国务院会议上提出过"控制人口"的主张，1962年12月，中共中央和国务院公布了《关于认真提倡计划生育的指示》，但直到20世纪70年代"有计划地增长人口"才被确定为我国既定的人口政策。

第二节 自然资源承载力的有限性——自然资源利用总量控制产生的根源

在自然资源保护法中，总量控制制度中的"总量"是指"人类向自然索取的量"[4]。自然资源的承载力是有限的。1966年，美国鲍尔丁提出"宇宙飞船经济理论"，指出我们的地球只是茫茫太空中一艘小小的宇宙飞船，人口和经济的无序增长迟早会使船内有限的资源耗尽，而生产和消费过程中排出的废料将使飞船受到污染，毒害船内的乘客，此时飞船便会坠落，社会也会随之崩溃。1972年，罗马俱乐部发布的《增长的极限》一书警示世人，"地球只有一个，资源是有限的，人类必须自觉

---

〔1〕［意］M. 利维-巴奇："各国人口政策比较观"，载《国际社会科学杂志（中文版）》1995年第3期。

〔2〕［意］M. 利维-巴奇："各国人口政策比较观"，载《国际社会科学杂志（中文版）》1995年第3期。

〔3〕《美国国家环境政策法》。

〔4〕徐祥民："和谐社会建设的基础——人类与自然的和谐"，载马灵喜：《和谐社会与法治建设专题研究》，中国人民公安大学出版社2008年版，第36页。

地抑制增长，否则随之而来的将是人类社会的崩溃”[1]，“呼吁通过技术、文化和制度上重大、前瞻和社会性的创新来避免人类生态足迹的增加超出地球的承载能力”[2]。1974年，西德科学家乌·西普克把地球比作一艘宇宙航船——地球一号，提出“现有36亿乘客，载有5万亿兆吨空气和13亿立方公里的水，其中只有12%是淡水。地球一年的运转速度为每秒30公里，每年航行10亿公里。它在长期的漂泊中第一次明显表露出死亡危险的征兆。航船负荷过重，一半乘客在挨饿，生命攸关的储备已接近枯竭”。“地球这个宇宙航船还能有救吗?”1980年3月5日出版的《世界自然资源保护大纲》指出：“地球是宇宙中已知唯一能维持人类生存的地方。但人类的活动正逐渐地使这个行星不适于人类生存。”[3]人类必须清楚地知道：“只有很好地利用大自然，人类才能生存；保护自然资源是人类前进的主流。”[4]1982年10月28日，由联合国大会通过的《世界自然宪章》明确宣布“人类是自然的一部分，生命有赖于自然系统的功能维持不坠”，提出人类“不得浪费”“自然资源”“有节制地”“使用资源”[5]等。为保证自然资源的可持续利用，只有对自然资源利用进行总量控制、控制人类向自然索取的数量。其分为两种情况：针对不可再生资源，为保证不可再生资源的存

---

〔1〕“丹尼斯·米都斯”，载 http://baike.baidu.com/link? url=vL5oYhuxJYL3_ohJg9gawkuV7P26hnt7ue3UT5X3QqXMYpPtVel-LTKJKvBK1M2y，访问时间：2014年8月12日。

〔2〕［美］德内拉·梅多斯、乔根·兰德斯、丹尼斯·梅多斯著，李涛、王智勇译：《增长的极限》，机械工业出版社2013年版，前言。

〔3〕［美］R. 艾伦著，黄宏慈、杜秀英、袁清林译：《救救世界——全球生物资源保护战略》，科学出版社1984年版，第1页。

〔4〕［美］R. 艾伦著，黄宏慈、杜秀英、袁清林译：《救救世界——全球生物资源保护战略》，科学出版社1984年版，前言。

〔5〕《世界自然宪章》。

量，要求在开发、利用过程中要严格控制住开发利用的数量，不至于资源枯竭。针对可再生资源，为保证其可持续利用，“可持续的利用率不能大于再生率”[1]，即把人类索取的资源数量限制在资源可再生能力范围内。自然资源利用总量控制分别实践于不同类型的资源利用中。

一、森林资源危机产生的原因

森林资源危机产生的原因在于人类对森林资源的采伐利用超过了它应该采伐的限度，导致生长量少于采伐量，最终致使森林资源急剧减少。为实现森林资源的保有量，必须将采伐森林数量控制在森林可更新的能力范围内，进而实现资源的可持续利用以及发挥森林生态系统的多样性价值。在中国古代，就已有尊重自然的律令、保护森林资源的思想。如公元前2100年夏朝的《逸周书·大聚篇》记载：“禹之禁，春三月山林不登斧，以成草木之长”；《孟子·梁惠王上》记载：“斧斤以时入山林，材木不可胜用也”；《荀子·王制》谈道：“圣王之制也：草木荣华滋硕之时，则斧斤不入山林，不夭其生，不绝其长也……斩伐养长，不失其时，故山林不童，而百姓有余材也”。在中欧地区，公元9世纪形成的森林规章制度中已有对公共的森林实行限伐、禁垦和征收采伐税的规定。在公元9世纪~16世纪使用的“森林使用判例汇编”中，也有禁伐、禁垦和节约木材的制定，并推行了薪材按炉灶定量，用材申报标准等。[2] 1713年，德国汉里希·冯·卡洛维茨鉴于德国出现了第一次木

---

[1] [美] 唐奈勒·H. 梅多斯、丹尼斯·L. 梅多斯、约思·兰德斯，赵旭、周欣华、张仁俐译：《超越极限——正视全球性崩溃，展望可持续的未来》，上海译文出版社2001年版，第47页。

[2] 邵青还：“从德国森林规章制度的发展看我国制定地方森林法或森林法地方执行细则的必要性”，载《世界林业研究》1989年第4期。

材危机，原始林被采伐利用，提出了人工造林思想，[1]被认为是森林永续利用思想的奠基人。1795 年，德国林学家 G. L. 哈尔蒂希提出尽可能合理地利用森林，获得的木材要尽量符合良好经营条件下永续经营所能提供的数量。[2]1826 年，德国森林经济学家 J. C. 洪德斯哈根在《森林调查》中创立了“法正林”学说。[3]虽然上述这些理论提出的目的是基于当时森林经营的价值，局限于解决木材危机，并不是从环境资源的目的出发，但已含有合理利用森林的内容。“奥地利于 1852 年出台了第一部帝国《森林法》，首次提出了保护森林、增加森林资源和实现森林永续利用的内容。”[4]“1886 年芬兰制定了第一部森林法，森林法的全部条文都是以‘合理经营林业、实现永续生产’这一思想为基础的。”[5]1898 年，林学家嘎耶（Gayer）提出了“接近自然的林业”理论，要求“林业经营要遵循自然规律，充分利用自然力调控森林的生长，使森林生态系统向稳定、健康方向演变”。[6]这一理论已开始注重森林资源的自然特性，要求人们回归自然。1903 年，瑞典颁布的第一部《森林法》（又称《恢复生长法》）强调“林木的生长量要大于采伐量”。[7]“为恢复战

[1] 董智勇、司洪生：“德国森林经营历史经验的借鉴”，载《世界林业研究》1996 年第 4 期。

[2] 吴涛：“国外典型森林经营模式与政策研究及启示”，北京林业大学 2012 年硕士学位论文。

[3] 刘明：“我国森林资源采伐限额管理制度改革研究”，河北农业大学 2012 年硕士学位论文。

[4] 吴涛：“国外典型森林经营模式与政策研究及启示”，北京林业大学 2012 年硕士学位论文。

[5] 李蕾：“我国森林采伐法律制度研究”，东北林业大学 2008 年硕士学位论文。

[6] 吴耀军：“论‘接近自然的林业’”，载《广西林业科学》2000 年第 2 期。

[7] 黄桂琴：“论瑞典森林法及对我国的启示”，载《河北法学》2011 年第 6 期。

争中被乱伐的森林，增加森林资源，日本1951年《森林法》规定幼龄林、陡坡地禁止采伐，皆伐迹地必须在2年内还林等强制性作法。”[1]德国从1950年开始，注重发展森林资源，控制资源消耗。坚持永续经营的原则，改木材的永续利用为林地的永续经营，提倡异龄林经营、采伐量不超过生长量，而且采伐利用木材首先要考虑不影响生态和环境。[2]特别是1975年联邦德国公布的第一部国家森林法——《联邦森林法》。该法规定："由于森林的经济用途（木材）；由于其对环境，特别是对自然平衡的持久生产能力、对气候、对水分平衡、对净化大气、对土壤肥力、对景观、对农业和社会，以及对居民的游憩有重要意义，要保持森林，必要时增加森林，并保证按规章永续利用森林……”20世纪80年代，可持续发展思想提出之后，人们更注重森林生态系统的多样性价值。1992年6月14日，联合国环境与发展大会于里约通过的《关于所有类型森林的管理、保存和可持续开发的无法律约束力的全球协商一致意见权威性原则声明》提出："森林资源和林地应以可持续的方式管理。"[3]值此，有关国家和地区纷纷采取更可持续利用的方式开发森林资源，更加注重其生态环境保护。

二、草蓄平衡制度产生的根源

草原过度开垦、放牧——草蓄平衡制度产生的根源。19世纪80年代后期，"由于草地开垦、过度放牧等原因，土地开始

[1] 申金花："中日森林保护若干法律制度的比较研究"，东北林业大学2003年硕士学位论文。

[2] 陈永贵："德国的森林资源及林政管理——赴德国培训学习札记"，载《云南林业》1994年第2期。

[3]《关于所有类型森林的管理、保存和可持续开发的无法律约束力的全球协商一致意见权威性原则声明》。

退化，为有效管理草原和取得最大经济效益，一些学者将承载力理论引入到草原管理中”并使其得到应用。美国农业部 1906 年年鉴就曾采用承载力这一概念解决自然界中种群的承载问题。1904 年，美国政府制定了《国有林放牧管理条例》规定了分区、分时轮牧利用草地资源和逐渐调整载畜量及改进放牧管理办法的规定。[1]1934 年，美国政府内政部土地管理局通过了《泰勒放牧法》，其核心是确定草地合理载畜量，加大草地管理力度。[2]德国在 1929 年制定了草场控制法规。[3]挪威在 1939 年制定了草地放牧控制条例。[4]澳大利亚在 1936 年通过了《牧区法》，规定严禁超载放牧，否则必受重罚。[5]

三、渔业捕捞限额制度产生的原因

过度捕捞是渔业捕捞限额制度产生的根源。早在古代，孟子便在《孟子·梁惠王上》中曰：“数罟不入洿池，鱼鳖不可胜食也”；荀子在《荀子·王制》中也谈道：“鼋鼍鱼鳖鳅鳝孕别之时，罔罟毒药不入泽，不夭其生，不绝其长也……谨其时禁，故鱼鳖优多，而百姓有余用也”。19 世纪 60 年代开始，欧洲出现了早期的保护渔业资源的国际条约，最早的是 1867 年英国和法国签订的《英法渔业条约》。之后，1882 年，英国、法国、

---

〔1〕 张焕强：“河北省草原生态保护的问题与对策研究”，中国农业大学 2005 年硕士学位论文。

〔2〕 张焕强：“河北省草原生态保护的问题与对策研究”，中国农业大学 2005 年硕士学位论文。

〔3〕 张焕强：“河北省草原生态保护的问题与对策研究”，中国农业大学 2005 年硕士学位论文。

〔4〕 张焕强：“河北省草原生态保护的问题与对策研究”，中国农业大学 2005 年硕士学位论文。

〔5〕 张焕强：“河北省草原生态保护的问题与对策研究”，中国农业大学 2005 年硕士学位论文。

德国、比利时、荷兰和丹麦六国签订了《北海渔业公约》。美国与英国于1923年签订了《保护太平洋北部和白令海峡的鱼类的协议》。1934年，美国渔业科学工作者托马森（Thomason）和贝尔（Bell）最早提出限额捕捞的理论。[1] 1937年，美加太平洋鲑鱼渔业委员会把总可捕量按50:50的比例配额分给了美加两国，两国又在国内进行了再分配，这是配额制度最早实施的雏形。[2] 1958年，日内瓦海洋法会议通过的第一个全面保护公海海洋生物资源的国际协议——《公海捕鱼和生物资源养护公约》——要求各国采取使"生物资源保持最适当而持久产量，俾克取得食物及其他海产最大供应量"的养护措施。西北大西洋于1972年建立了主要捕捞种类的捕捞限额体系。"1975年，国际海洋考察理事会向其成员国政府、渔业团体和东北大西洋渔业委员会以及双边或多边条约国推荐总允许渔获量作为限额捕捞，进行渔业管理的主要措施。"[3] 东北大西洋于1976年建立了主要捕捞种类的捕捞限额体系。1982年，《联合国海洋法公约》第61条规定沿海国应决定其专属经济区内生物资源的可捕量，应通过正当的养护和管理措施，确保专属经济区内生物资源的维持不受过度开发的危害，使捕捞鱼种的数量维持在或恢复到能够生产最高持续产量的水平。第119条要求各国在对公海生物资源决定可捕量和制订其他养护措施时要确保使捕捞的鱼种的数量维持在或恢复到能够生产最高持续产量的水平。1982年4月生效的《南极海洋生物资源养护公约》规定："防止任何被捕捞种群的数量低于能保证其稳定补充的水平，为此，

---

〔1〕 唐启升："如何实现海洋渔业限额捕捞"，载《海洋渔业》1983年第4期。

〔2〕 白洋："渔业配额法律制度研究"，中国海洋大学2011年博士学位论文。

〔3〕 唐启升："如何实现海洋渔业限额捕捞"，载《海洋渔业》1983年第4期。

其数量不应低于接近能保证年最大净增量的水平。”[1]截至1998年，几乎所有的发达国家如美国、加拿大、冰岛、挪威、瑞典、丹麦、德国、荷兰、法国、比利时、英国、爱尔兰、西班牙、葡萄牙、意大利、澳大利亚、新西兰、日本等在渔业管理中都采用可捕量限制方法。[2]其中加拿大、挪威、瑞典、比利时、爱尔兰五国还实施了渔获量个别配额制度。[3]冰岛、新西兰、美国、澳大利亚实施了渔获量个别可转让配额制度。[4]1976年，冰岛首先在鲱渔业中运用了个别可转让配额制度，并于1991年全面推行此制度；新西兰于1983年在远洋渔业管理中引入了个人配额制，于1985年对7种~8种特定鱼种实行个别可转让配额制度，于1986年新修订的《渔业法》规定全面实施个别可转让配额制度；1990年，美国开始在大西洋和新英格兰水域的蛤蜊类和蚶类渔业中实施个别可转让配额制度，1992年又在南大西洋的美洲多锯鲈渔业、1995年在阿拉斯加的裸盖鱼、庸鲽(Halibut)实施了个别可转让配额制度。

四、生物多样性保护的原因

过度猎捕野生动物资源是使其处于濒危、灭绝的境地的根源，只有严格限制起猎捕数量，加强保护措施，才能保持野生动物资源的多样性。早在1886年，出现了德国、卢森堡、荷兰和瑞士签订的第一个野生动物保护条约——《莱茵河流域大马

---

〔1〕《南极海洋生物资源养护公约》。

〔2〕黄硕琳：“国际渔业管理制度的最新发展及我国渔业所面临的挑战”，载《上海水产大学学报》1998年第3期。

〔3〕黄硕琳：“国际渔业管理制度的最新发展及我国渔业所面临的挑战”，载《上海水产大学学报》1998年第3期。

〔4〕黄硕琳：“国际渔业管理制度的最新发展及我国渔业所面临的挑战”，载《上海水产大学学报》1998年第3期。

哈鱼的管理条约》。1911 年，美国、英国、日本和俄国签署了《北太平洋海豹保护公约》（1941 年 10 月 23 日失效），公约规定在太平洋的 30°N 以北地区禁止捕杀海豹。随后，又在 1957 年 2 月签订了一个《关于保护北太平洋海豹的临时公约》。1972 年 2 月，阿根廷、澳大利亚、比利时、智利、法国、日本、新西兰、挪威、南非、美国、英国、苏联等南极条约协商国签订了《南极海豹保护公约》。公约附件规定，除用于科研等的有限数量外，禁止任何海面捕猎。在候鸟保护方面：1916 年，美国和英国签署了《美英（加拿大）保护北极亚北极候鸟协议》；1926 年，苏联和美国签订了《保护北极候鸟及其生存环境协议》；1936 年，墨西哥与美国签署了《墨西哥与美国保护候鸟协议》；1974 年，美国和日本签署了《美日关于保护候鸟协议》等。在鲸鱼保护方面：最早在 1931 年，美国、英国、丹麦、冰岛、挪威等 26 国签订了《日内瓦捕鲸管制公约》；接着，在 1937 年，主要捕鲸国在伦敦签署了《捕鲸管理国际协定》，协议对一些衰退的种群如露脊鲸和灰鲸提供完全保护，对蓝鲸、座头鲸、抹香鲸的最低可捕体长做出了明确的规定，此外还禁止捕杀伴有幼鲸的母鲸。1946 年，美国等 15 个国家签订了《国际捕鲸管制条约》，并成立了一个国际捕鲸委员会。1970 年 12 月，美国、日本、苏联签订了《北冰洋限制远洋捕鲸协议》。1982 年，国际捕鲸委员会在第 34 届大会上通过了全面暂停商业捕鲸的决定。1987 年，这一禁令出现了松动，允许“以研究为目的”的限量捕鲸活动。在北极熊保护方面：1973 年，苏联、美国、加拿大、挪威、丹麦签订了《北极熊保护协议》。2000 年，美国、俄罗斯签署了《养护和管理阿拉斯加楚科奇北极熊数量协定》等。

第三节　环境容量的有限性——污染物排放总量控制制度产生的根源

20世纪五六十年代环境公害事件的发生，使防治环境污染成了受关注的问题，人们开始对环境中污染物实行浓度控制和末端治理，但因这一措施的局限性，总量控制的措施被提出来。在污染防治法中，总量控制制度中的“总量”是指人类向大自然排放的污染物总量。为实现某一流域、海域、区域内的污染控制目标、改善环境质量，必须要以某一流域、海域、区域为一个完整的系统，并以此流域、海域、区域内的环境容量为基础，采取一系列有效的具体措施将排入此流域、海域、区域内的全部污染物排放总量严格限制在允许纳污总量的极限范围内，以满足该流域、海域、区域内的环境质量要求。1972年，斯德哥尔摩会议通过的《斯德哥尔摩人类环境会议宣言》指出：“为了保证不使生态环境遭到严重的或不可挽回的损害，必须制止在排除有毒物质或其它物质以及散热时其数量或集中程度超过环境能使之无害的能力。”[1]这是首次在宣言上提出污染防治的总量控制原则。

在水污染治理方面，1967年~1973年，美国在特拉河实行的排污总量控制，可谓是总量控制的雏形。[2]在此期间，美国国家环保署于1972年在《清洁水法》303（d）条款中提出了基于水质决策的污染物总量控制方法——TMDL计划[3]，并于

〔1〕《人类环境会议宣言》。

〔2〕《实现“十一五”环境目标政策机制研究》课题组编著：《中国污染减排战略与政策》，中国环境科学出版社2008年版，第131页。

〔3〕罗阳：“流域水体污染物最大日负荷总量控制技术研究”，浙江大学2010年硕士学位论文。

"1983年12月正式立法，实施以水质限制为基点的排污总量控制"。[1]日本在于1973年制定的《濑户内海环境保护临时措施法》中首次在废水排放管理中引用了总量控制，规定了3年的总量控制目标，以COD指标限额颁发许可证。之后，日本环境厅于1977年提出了"水质污染总量控制"方法，拟在污染源集中的封闭性水域推行这套办法，谋求改善这些水域的水质。于1978年提交国会，要求作为《水质污染防止法》的部分修正法案予以审批。1978年6月日本国会修订的《水质污染防止法》即引用了水质总量控制的办法，自此即在日本的一部分水域予以实施。[2]"1979年日本内阁确定了有关水污染物排放总量控制的基本方法、方针及目标年度削减量。"[3]"1980年6月制定总量控制标准，并在新建企业执行。1981年6月定为中间目标年限，1984年6月定为目标年限，凡指定企业按目标执行。"[4]"等到1984年，日本将总量控制法正式推广到东京湾和伊势湾两个水域。"[5]2002年，又增添氨氮和磷为总量控制对象[6]。

在大气污染物总量控制方面，日本在1970年修改《大气污染防治法》时，引入了排放总量控制。当时，受控污染物仅为二氧化硫。1981年，又将NOx作为总量控制的受控污染物；

---

[1] 白云、王静斌："控制水污染的有效途径——污染物排放总量控制"，载《地域研究与开发》1990年第2期。

[2] 蔡贻漠、黄淑贞："关于日本的水质总量控制标准"，载《环境保护科学》1980年第3期。

[3] 罗阳："流域水体污染物最大日负荷总量控制技术研究"，浙江大学2010年硕士学位论文。

[4] 王建、张金生："日本水质污染总量控制及其方法"，载《湖北环境保护》1981年第4期。

[5] 《实现"十一五"环境目标政策机制研究》课题组编著：《中国污染减排战略与政策》，中国环境科学出版社2008年版，第130页。

[6] 罗阳："流域水体污染物最大日负荷总量控制技术研究"，浙江大学2010年硕士学位论文。

1992年，将机动车排放的NOx列入总量控制范围。美国于20世纪70年代初开始对城市空气污染总量控制进行研究，并于1977年开始实行“污染削减”管理办法，即规定允许排污总量。1979年，美国国家环保局提出并开始试点执行“泡泡”政策。1990年，国会通过的《清洁空气法》修正案提出应用总量控制和市场机制相结合的手段来控制二氧化硫的“酸雨计划”。

第四节　过度使用消耗臭氧层物质——消耗臭氧层物质总量控制制度产生的根源

除前文所列举的资源保护层面的总量控制、污染物排放总量控制制度，以及人口总量控制外，国际层面也曾关注过消耗臭氧层物质总量控制制度。此制度产生的原因在于过度使用消耗臭氧层物质从而导致产生严重的不良后果。

1958年对臭氧层进行观察以来，科学家就发现了高空臭氧层浓度有减少的趋势。20世纪70年代，科学家们已着手调查某些化学物质与臭氧层耗竭之间的关系。两名美国科学家马里奥·莫利纳和舍伍德·罗兰德研究认为“氯氟”可能是导致臭氧层耗竭的顽凶。1976年4月，联合国环境规划署理事会第一次讨论了臭氧层破坏问题。1977年3月，联合国环境规划署召开臭氧层专家会议，通过了第一个《关于臭氧层行动的世界计划》。1980年，联合国环境规划署理事会决定建立一个特设工作组来筹备制定保护臭氧层的全球性公约。经过几年努力，终于在1985年3月在奥地利首都维也纳召开的“保护臭氧层外交大会”上，通过了《保护臭氧层维也纳公约》（1988年生效）。公约规定各缔约国应在其能力范围内“采取适当的立法和行政措施，从事合作，协调适当的政策，以便在发现其管辖或控制范围内的某些人类活动已经或可能由于改变或可能改变臭氧层而造成不利影响时，对这些活动加以控制、限制、削减或禁止”。[1]该公约首次提出将氟氯烃类物质作为被监控的化学品。1985 年 10 月，英国科学考察队在南极的南纬 60°观察站上空发现了巨大的臭氧“空洞”。1986 年，世界气象局和联合国环境规划署联合主持发布了一个有关臭氧层的报告，肯定了“氯氟”可能是导致臭氧层耗竭的顽凶的推断。

1987 年 9 月，在加拿大召开的“保护臭氧层公约关于含氟氯烃议定书全权代表大会”通过了《关于消耗臭氧层物质的蒙特利尔议定书》（以下简称《议定书》）。《议定书》规定了缔约国逐步削减和控制消耗臭氧层物质的具体义务。之后，分别于 1990 年、1992 年、1995 年、1997 年和 1999 年进行了五次重大调整和四次修订，并形成了议定书的《伦敦修正案》《哥本哈根修正案》《蒙特利尔修正案》和《北京修正案》。值此，各缔约国陆续开展控制、限制、削减或禁止消耗臭氧层物质的使用。截至 2004 年，已有 186 个国家加入了《议定书》，171 个国家加入了《伦敦修正案》，159 个国家加入了《哥本哈根修正案》，113 个国家加入了《蒙特利尔修正案》，68 个国家加入了《北京修正案》。2009 年，东帝汶加入了《议定书》，至此，《议定书》成了国际环境协定史上第一个全球所有国家取得完全一致的协定。[2]其中，1992 年的《蒙特利尔议定书》指出作为《保护臭氧层维也纳公约》的缔约国要“采取公平地控制消耗臭氧层物质全球排放总量的预防措施，以保护臭氧层”[3]。

---

[1] 《保护臭氧层维也纳公约》。

[2] 王蕾：“臭氧层保护国际法律制度研究——兼论我国对相关国际义务的履行”，中国海洋大学 2010 年硕士学位论文。

[3] 《蒙特利尔议定书》。

值此，各国纷纷加入到《议定书》之后，各缔约国陆续开展控制、限制、削减或禁止消耗臭氧层物质的使用。如 1993 年 1 月 12 日我国国务院批准了《中国逐步淘汰消耗臭氧层物质国家方案》。1999 年 11 月 15 日，我国国务院批准实施了由 18 个部委会签的《中国逐步淘汰消耗臭氧层物质国家方案》（1999 年修订），并于 2010 年 6 月 1 日开始实施《消耗臭氧层物质管理条例》。印度政府于 2000 年颁布了《消耗臭氧层物质规则》，明确规定了禁止和削减消耗臭氧层的计划，要求所有的 ODS 生产者必须注册，自 2000 年 7 月 19 日起禁止新建、扩建生产 ODS 设备。此外，还列出了限制使用 ODS 的产品进出口贸易清单和甲基溴的削减时间表。

第二章 中国总量控制制度的实践类型

通过查找、梳理我国已有的规范性文件，我国现有人口总量控制、资源利用总量控制、污染物排放总量控制、消耗臭氧层物质总量控制等总量控制制度实践类型。按照时间顺序排列，我国最先开始实施的是人口总量控制制度，在20世纪60年代就确立了“节育”政策，之后，在70年代确定了“有计划地增长人口”和“晚、稀、少”政策，而且“实行计划生育政策”第一次被写入1978年《宪法》。80年代，我国开始试点污染物排放总量控制制度。1984年《森林法》规定实行森林采伐限额制度。1989年《水污染防治法实施细则》规定企事业单位排放水污染物必须达到污染物排放总量控制指标。20世纪90年代，建设用地总量控制、耕地总量动态平衡制度先后上升到了法律层面并开始正式实施，同时，1996年《水污染防治法》、1999年《海洋环境保护法》分别规定了水污染物排放总量控制、重点海域排污总量控制制度。在21世纪初，2000年新修订的《渔业法》规定实行捕捞限额制度。2000年《大气污染防治法》规定“国家采取措施，有计划地控制或者逐步削减各地方主要大气污染物的排放总量”，第15条规定了主要大气污染物排放总量控制区。2002年新修订的《水法》规定国家对用水实行总量控制制度。2002年正式实施《人口与计划生育法》。2003年新修订的《草原法》规定国家对草原实行以草定畜、草畜平衡制度。2010年的《消耗臭氧层物质管理条例》提出国家对消耗臭氧层物质的生产、使用、进出口实行总量控制和配额管理。2012年的《开采总量控制矿种指标管理暂行办法》规定实行开采总量控制。

第一节 人口总量控制制度

我国是当之无愧的人口大国，“从历史和现实来看，庞大的人口压力是中国生态环境恶化的一个直接的、重大的原因”。[1]“满足不断膨胀的人口的基本生活需求将是无可避免的严峻挑战。”[2]“人类处于普受关注的可持续发展问题的中心”[3]，为实现可持续发展，缓解环境危机，在人口繁衍问题上，要严控合理的人口数量。

早在1957年，马寅初便在最高国务院会议上提出了“控制人口”的主张。1957年7月5日，《人民日报》全文发表了马寅初的《新人口论》，分析了人口增长过快同经济社会发展的矛盾，主张控制人口数量、提高人口质量。1962年12月，中共中央和国务院公布了《关于认真提倡计划生育的指示》，“节育”被上升为既定政策；1971年7月，国务院明确要求各省、市、自治区党委和革委会认真抓好计划生育工作，“有计划地增长人口”被确定为我国既定的人口政策；1973年12月，中国第一次

〔1〕 曲格平：“中国环境保护事业任重道远”，载《环境保护》2009年第5期。

〔2〕 胡玉坤：“人口与资源环境的冲突：回眸与前瞻”，载唐晋主编：《大国战略》，华文出版社2009年版，第130页。

〔3〕《里约环境与发展宣言》。

计划生育汇报会提出了“晚、稀、少”政策；1978 年《宪法》（1978 年修订）规定“国家提倡和推行计划生育”，人口控制政策第一次被写入宪法；1980 年，“独生子女政策”出台；1982 年《宪法》（1982 年修订）再次规定“国家推行计划生育，使人口增长和社会发展计划相适应”；1991 年 5 月，党中央、国务院发出《关于加强计划生育工作严格控制人口增长的决定》；2002 年 9 月，我国正式实施《人口与计划生育法》；2006 年 12 月，党中央、国务院发布《关于全面加强人口和计划生育工作统筹解决人口问题的决定》，提出“促进人口大国向人力资本强国转变，促进人口与经济、社会、资源、环境协调和可持续发展，为构建社会主义和谐社会创造良好的人口环境”。

近些年，严格的计划生育政策有所放宽。2012 年 10 月，国务院发展研究中心下属的中国发展研究基金会发布了《人口形势的变化和人口政策的调整》报告建议。结合中国当前和未来的人口发展趋势，调整和完善剩余政策应分为三个阶段：近期（2015 年）放开“二孩”，中期（2020 年）实现生育自主目标，远期（从 2026 年起）鼓励生育。2013 年 11 月 15 日，十八届三中全会通过的《中共中央关于全面深化改革若干重大问题的决定》提到“坚持计划生育的基本国策，启动实施一方是独生子女的夫妇可生育两个孩子的政策”。同年 12 月，中共中央、国务院印发《关于调整完善生育政策的意见》，明确了生育政策调整的重要意义和总体思路。2014 年 12 月 15 日，中国社科院发布了《经济蓝皮书：2015 年中国经济形势分析与预测》，指出我国目前生育率已经非常接近“低生育陷阱”，呼吁尽快从“单独二孩”向“全面放开二孩”政策过渡。2015 年 10 月，中共第十八届中央委员会第五次全体会议公报指出：“坚持计划生育基本国策，积极开展应对人口老龄化行动，实施全面“二孩”

政策。”此政策的出台是继2013年启动实施“单独二孩”之后的又一人口政策调整。同年12月27日，第十二届全国人大常委会第十八次会议表决通过了关于修改《人口与计划生育法》的决定，其中第18条明确规定国家提倡一对夫妻生育两个子女。

第二节　资源利用总量控制制度

我国很早就意识到了可持续利用和保护资源的重要性。早在古代我国就有了儒家的“天人合一”，老庄的“道法自然”“齐同万物”，荀子的“制天命而用之”的观念。近代，孙中山先生在《建国方略》一书中，曾提出过一个比较全面的国土资源开发利用规划方案，并大力提倡植树造林。这一时段也有一些自然保护的法令，如1929年的《渔业法》、1930年的《土地法》、1932年的《森林法》等。新中国成立后直到20世纪70年代，我国的环境资源保护政策、立法、实践才开始起步，如1973年颁布的《关于保护和改善环境的若干规定（试行草案）》提出“避免过量开采地下水”“加强对森林资源和各地防护林的管理，严禁砍伐滥伐”“加强草原保护，不得任意破坏”〔1〕。1979年颁布的《环境保护法（试行）》规定“因地制宜地合理使用土地”“保护、发展和合理利用水生生物，禁止灭绝性的捕捞和破坏”“严格遵守国家森林法规，保护和发展森林资源，进行合理采伐”“合理放牧，保持和改善草原的再生能力，防止草原退化”“保护、发展和合理利用野生动物、野生植物资源”〔2〕。1981年《国务院关于在国民经济调整时期加强环境保护工作的决定》提出“开发利用自然资源，一定要按照自

---

〔1〕《关于保护和改善环境的若干规定（试行草案）》。
〔2〕《环境保护法（试行）》。

然界的客观规律办事”“注意维护生态平衡”[1]。1996 年 3 月 17 日全国人大批准的《国民经济和社会发展“九五”计划和 2010 年远景目标规划》就要求“狠抓资源节约和综合利用”，“依法保护并合理开发土地、水、森林、草原、矿产和海洋资源”。[2]1996 年 8 月 3 日公布的《国务院关于环境保护若干问题的决定》（国发［1996］31 号）提出“地方各级人民政府要切实加强淡水、土地、森林、草原、矿产、海洋、动植物、气候等自然资源和国土生态环境的保护，在维护生态平衡的前提下合理进行开发利用”。2000 年 11 月 26 日公布的《国务院关于印发全国生态环境保护纲要的通知》提出了“促进自然资源的合理、科学利用，实现自然生态系统良性循环”[3]的全国生态环境保护目标。《国民经济和社会发展第十个五年计划纲要》第十四章提出：“坚持资源开发与节约并举，把节约放在首位，依法保护和合理使用资源，提高资源利用率，实现永续利用。”[4] 2003 年 1 月 14 日《中国 21 世纪初可持续发展行动纲要》提出“合理开发和集约高效利用资源，不断提高资源承载能力，建成资源可持续利用的保障体系和重要资源战略储备安全体系。”[5] 2005 年 12 月 3 日公布的《国务院关于落实科学发展观加强环境保护的决定》提出：“坚持生态保护与治理并重，重点控制不合理的资源开发活动。”[6]《国民经济和社会发展第十一个五年计划纲要》第二十章提出“根据资源环境承载力、现有开发密度和发展潜力，统筹考虑未来我国人口分布、经济布局、国土利

---

〔1〕《国务院关于在国民经济调整时期加强环境保护工作的决定》。

〔2〕《国民经济和社会发展“九五”计划和 2010 年远景目标规划》。

〔3〕《国务院关于印发全国生态环境保护纲要的通知》。

〔4〕《国民经济和社会发展第十个五年计划纲要》。

〔5〕《中国 21 世纪初可持续发展行动纲要》。

〔6〕《国务院关于落实科学发展观加强环境保护的决定》。

用和城镇化格局，将国土空间划分为优化开发、重点开发、限制开发和禁止开发四类主体功能区”，第六篇提出“落实节约资源和保护环境基本国策，建设……资源节约型、环境友好型社会”。〔1〕《国民经济和社会发展第十二个五年计划纲要》第一次明确提出：“落实节约优先战略，全面实行资源利用总量控制。”〔2〕

资源利用总量控制制度具体包括在森林资源保护方面的森林采伐限额制度；在水资源保护方面的用水总量控制制度；在土地资源保护方面的耕地总量动态平衡制度、建设用地总量控制制度等；在渔业资源保护方面的渔业捕捞限额制度；在草原资源保护方面的草蓄平衡制度；在矿产资源保护方面的特定矿种开采总量控制制度。

一、森林采伐限额制度

森林采伐限额制度是实现森林资源可持续利用的重要举措。我国从 1984 年开始规定实行森林采伐限额制度。当年的《森林法》第 8 条规定“对森林实行限额采伐”、第五章第 25 条规定“国家根据用材林的消耗量低于生长量的原则，严格控制森林年采伐量”。1985 年 6 月，林业部颁布了《制定年森林采伐限额暂行规定》。“1987 年中共中央、国务院发表《关于加强南方集体林区森林资源管理，坚决制止乱砍滥伐的指示》，标志着我国采伐限额制度的确立。森林采伐限额制度按照规定采伐量低于生长量的总原则，根据森林资源消长状况和经营管理情况，按照

〔1〕《国民经济和社会发展第十一个五年计划纲要》。
〔2〕《国民经济和社会发展第十二个五年计划纲要》。

每5年为一个计划期进行调整，分布按省、市、自治区编制。"〔1〕

"七五"期间。1987年4月15日国务院下发的《国务院批转林业部关于各省、自治区、直辖市年森林采伐限额审核意见报告的通知》（［1987］35号文件）批准了各省、自治区、直辖市"七五"期间的年森林采伐限额。"七五"期间的森林采伐限额仅对全国及各省的年采伐限额总量做了规定，并只对商品材进行限额管理。为严格实行年森林采伐限额制度，加强森林采伐限额管理，1989年，林业部发布了《林业部关于切实加强年森林采伐限额管理的通知》（林资字［1989］61号）。

"八五"期间。1990年12月5日国务院发布的《国务院批转林业部关于各省、自治区、直辖市"八五"期间年森林采伐限额审核意见报告的通知》（［1990］国发第66号）批准了各省、自治区、直辖市"八五"期间的年森林采伐限额。相比"七五"期间的年森林采伐限额政策，"八五"期间的限额政策不仅核定了全国及各省份采伐限额的总量指标，又根据森林资源消耗结构进行了分项限额指标管理。

"九五"期间。1995年12月8日国务院发布的《国务院关于各省自治区、直辖市"九五"期间年森林采伐限额问题的批复》（［1995］国函第120号）批准了各省、自治区、直辖市"九五"期间的年森林采伐限额。相比"八五"期间，"九五"期间的采伐限额管理不仅核定了全国及各省份采伐限额的总量指标、按森林资源消耗结构进行了分项限额指标管理，还按采伐类型划分进行分项控制指标。在此期间，规定了森林采伐限额制度的规范性法律文件有1998年新修订的《森林法》（1998

〔1〕李明："完善我国森林采伐管理制度的研究"，东北林业大学2007年硕士学位论文。

年修订）第五章第29条规定“国家根据用材林的消耗量低于生长量的原则，严格控制森林年采伐量”；2000年1月29日公布实施的《森林法实施条例》第五章第28条规定年森林采伐限额的确定和核定。

“十五”期间。2001年1月3日国务院发布的《国务院批转国家林业局关于各省、自治区、直辖市“十五”期间年森林采伐限额审核意见报告的通知》批准了各省（区、市）“十五”期间的年森林采伐限额。相比“九五”期间的限额政策，“十五”期间的限额政策在消耗结构分项限额去掉了培植业用材分项限额，而且采用了统一的合理年采伐量测算法。在此期间，规定了森林采伐限额制度的决定、意见有2003年6月25日公布的《中共中央国务院关于加快林业发展的决定》（中发［2003］9号），该决定提出“改革和完善林木限额采伐制度”[1]；2003年12月30日国家林业局发布的《关于完善人工商品林采伐管理的意见》（林资发［2003］244号）提出“按照合理经营、持续利用的原则，依法编制和实施森林经营方案的人工商品林，其年森林采伐限额根据森林经营方案确定的合理年森林采伐量制定”[2]。

“十一五”期间。2005年12月19日国务院发布了《国务院批转国家林业局关于各地区“十一五”期间年森林采伐限额审核意见的通知》（［2005］国发41号）批准了各省（区、市）“十一五”期间的年森林采伐限额。相比“十五”期间的限额政策，“十一五”期间，毛竹采伐限额不再由国家林业局确定，而是由省级林业主管部门确定，报国家林业局同意后实施。细化按采伐类型的分项限额为主伐、抚育采伐、更新采伐、低质

[1] 《中共中央国务院关于加快林业发展的决定》（中发［2003］9号）。

[2] 《关于完善人工商品林采伐管理的意见》（林资发［2003］244号）。

低效林改造及其他采伐五类。简化按消耗结构的分项限额为商品材、非商品材。新增设按森林起源的天然林和人工林分项限额等。在“十一五”期间的后几年，国家开始对森林采伐限额管理进行改革和完善。2008 年 6 月 8 日公布的《中共中央、国务院关于全面推进集体林权制度改革的意见》指出“要完善林木采伐管理机制，改革商品林采伐限额管理”〔1〕；2008 年《国家林业局关于开展森林采伐管理改革试点的通知》（林资发［2008］263 号）提出“改革森林采伐限额管理，探索森林资源消耗管理的新途径”〔2〕；2009 年 7 月国务院发布了《国家林业局关于改革和完善集体林采伐管理的意见》（林资发［2009］166 号），提出将森林采伐从原来的蓄积量和出材量双项控制改为蓄积量单项控制，对皆伐作业则实行按面积控制；实行林业分类管理，非林业用地林木采伐不纳入限额管理，由经营者自主经营、自主采伐，林业用地上的林木继续实行采伐限额管理；林业部门对采伐的监管改为森林经营者伐前、伐中和伐后自主管理，林业主管部门提供指导服务和监督管理。

“十二五”期间。2011 年 1 月 3 日国务院以《国务院批转林业局关于全国“十二五”期间年森林采伐限额审核意见的通知》（国发［2011］3 号）批准了各省（区、市）“十二五”期间的年森林采伐限额。相比“十一五”期间的限额政策，“十二五”期间的限额政策去掉了低质低效林改造采伐分项；取消了按消耗结构分项限额的划分，增设了按森林类别分项限额分为商品林限额和公益林限额等。在此期间，规定了森林采伐限额制度的意见有 2014 年 5 月 4 日国家林业局公布的《关于进一步

---

〔1〕《中共中央、国务院关于全面推进集体林权制度改革的意见》。

〔2〕《国家林业局关于开展森林采伐管理改革试点的通知》（林资发［2008］263 号）。

改革和完善集体林采伐管理的意见》，提出“完善采伐指标的分配管理”[1]。

“十三五”期间。2016年2月4日，国务院批复了林业局《关于全国“十三五”期间年森林采伐限额的请示》（林资字〔2016〕3号），即《国务院关于全国“十三五”期间年森林采伐限额的批复》（国函〔2016〕32号）对各省、自治区、直辖市人民政府和各级林业主管部门严格执行“十三五”采伐限额、确保森林资源持续稳定增长提出了明确要求，原则同意林业局审核确定的全国“十三五”期间年森林采伐限额，全国合计25 403.6万立方米。其中，非商业性天然林采伐年限额为4950.1万立方米。之后，2016年2月26日，国家林业局发布了《国家林业局关于切实加强“十三五”期间年森林采伐限额管理的通知》（林资发［2016］24号），此通知提出了“扎实做好采伐限额的分解落实工作”“严格规范采伐限额管理”“积极稳妥推进采伐管理改革”“强化采伐限额执行情况检查”以及“着力创新森林经营管理机制”等要求。

二、用水总量控制制度

由于人们未充分考虑水资源承载能力，无节制地开发利用地上、地下水资源，再加上水污染防治力度不够，大量未经处理或处理未达标的污水被直接排放到河流中，致使我国的水资源现状堪忧。为限制人们无节制用水，我国采取了取水许可证、缴纳水费等措施，但依旧没有改变用水总量持续增长的趋势。2002年新修订的《水法》（2002年修订）以法律形式明确规定国家对用水实行总量控制制度。2006年施行的《取水许可和水

〔1〕《关于进一步改革和完善集体林采伐管理的意见》。

资源费征收管理条例》提出了用水总量控制的原则，水量分配方案。2008年2月1日实施了《水量分配暂行办法》。2010年国务院批复的《全国水资源综合规划（2010年~2030年）》提出“实行最严格水资源管理制度”“完善用水总量控制制度，加快制定全国主要江河水量分配方案”[1]。2010年12月31日发布的《中共中央国务院关于加快水利改革发展的决定》提出“实行最严格水资源管理制度”；“建立用水总量控制制度，确立水资源开发利用控制红线，抓紧制定主要江河水量分配方案，建立取用水总量控制指标体系”；“严格取水许可审批管理，对取用水总量已达到或超过控制指标的地区，暂停审批建设项目新增用水；对取用水总量接近控制指标的地区，限制审批新增取水”。[2]“2011年5月，水利部在京召开了江河水量分配工作会议，明确了水量分配工作的目标和工作要求。7月，水利部下发了《关于水量分配工作的通知》，印发了工作方案和技术大纲。”[3]2012年1月，国务院下发的《国务院关于实行最严格水资源管理制度的意见》提出“加强水资源开发利用控制红线管理，严格实行用水总量控制”，[4]对江河流域水量分配工作作出了具体部署。2012年底，七大江河流域综合规划（修编）全部得到国务院批复，确定了流域用水总量控制、用水效率控制、水功能区限制纳污红线规划意见。[5]

---

〔1〕《全国水资源综合规划（2010年~2030年）》。

〔2〕《中共中央国务院关于加快水利改革发展的决定》。

〔3〕“力争完成25条跨省重要江河流域水量分配”，载 http://www.chinawater.com.cn/ztgz/xwzt/sj2012/201203/t20120308_ 215727.html，访问时间：2015年9月17日。

〔4〕《国务院关于实行最严格水资源管理制度的意见》。

〔5〕“七大江河流域综合规划全部获批”，载 http://news.xinhuanet.com/finance/2013-03/12/c_ 124446440.htm，访问时间：2015年9月18日。

黄河流域是中国七大江河流域中第一个制定并实施水量分配方案和总量控制的流域。其实，在我国《水法》（2002 年修订）以法律形式明确规定国家对用水实行总量控制制度之前，国务院早在 1987 年就批准了《黄河可供水量分配方案》，确定了黄河正常来水年份的水量分配。之后，黄河水利委员会陆续于 1994 年 10 月 21 日颁发了《黄河取水许可实施细则》（黄水政［1994］16 号），1996 年 9 月 16 日颁发了《黄河用水统计规定》（黄水政［1996］21 号），1998 年 5 月 12 日颁发了《黄河取水许可水质管理规定》（黄水政［1998］13 号）。1998 年 12 月，国家计委、水利部联合颁布实施了《黄河水量调度管理办法》。2002 年 11 月 10 日，黄河水利委员会又颁布了《黄河取水许可总量控制管理办法（试行）》（黄水调［2002］19 号）[1]。2006 年 8 月 1 日，《黄河水量调度条例》正式颁布实施。2009 年 7 月 1 日，黄河水利委员会又出台了《黄河取水许可管理实施细则》。

1989 年 6 月 3 日，国务院向山西、河北、河南三省人民政府及国务院有关部门印发了《国务院批转水利部〈关于漳河水量分配方案请示〉的通知》（国发［1989］42 号）。1992 年国家计委批准了黑河干流水量分配方案，1997 年 12 月国务院审批同意了《黑河干流水量调度方案》，1999 年中编班批准成立了黑河流域管理局，2000 年黄委正式组建了黑河流域管理局，同年 6 月 19 日黑河流域管理局进驻张掖水量调度工作现场，正式启动干流水量统一调度工作。2001 年国务院批复了《黑河流域近期治理规划》，提出用 3 年时间实现国务院批准的黑河流域分水方案。2001 年 6 月 27 日，国务院正式批准实施了《塔里木河

---

〔1〕 已被 2009 年 7 月 1 日施行《黄河取水许可管理实施细则》废止。

流域近期综合治理规划报告》，2002 年塔里木河流域第一次实施了水量统一调度，2003 年全流域首次从总体上完成了年度水量调度任务。2001 年 9 月，《海河流域水资源规划》通过水利部组织的专家审查。2007 年 12 月 31 日国务院以国函［2007］135 号批复了永定河干流水量分配方案。2008 年水利部批复大凌河流域省（区）际水量分配方案。2010 年 5 月国务院批复《太湖流域水功能区划》，2011 年实施的《太湖流域管理条例》规定实施取水总量控制制度。2011 年 7 月，水利部全面启动第一批全国跨省河流水量分配工作，作为落实用水总量控制管理的重要措施。珠江流域列入全国第一批跨省河流水量分配方案中的北江、北盘江和黄泥河于 2013 年 12 月通过审查，东江、韩江的水量分配方案于 2014 年 3 月 28 日通过水利部审查。2012 年 2 月 16 日，国务院发布了《关于实施最严格水资源管理制度的意见》，意见指出我国将实行最严格水资源管理制度，加强水资源开发利用控制红线管理，严格实行用水总量控制，到 2025 年，全国用水总量力争控制在 6350 亿立方米以内。2017 年 2 月，国家发改委、水利部、住建部联合印发《节水型社会建设“十三五”规划》，规划明确“十三五”期间，全国用水总量控制在 6700 亿立方米以内。

三、耕地总量动态平衡制度

由于我国的人口数量不断增多、建设用地不断占用耕地，以及耕作粗放、外加自然灾害的影响，我国的耕地面积不断减少。为切实保护耕地，除了严格控制建设用地的规模和数量，也要严控耕地总量，实现动态平衡。1994 年 10 月 1 日实施的《基本农田保护条例》（国务院令第 162 号）第 19 条规定非农业建设经批准占用基本农田保护区内耕地的，除缴纳税费外，还应当按照“占多少，垦多少”的原则，由用地单位或者个人负责开垦与所占耕地的数量和质量相当的耕地。其内涵了耕地总量动态平衡的思想。1996年6月19日，国家土地管理局局长邹玉川在全国土地管理厅局长会议上的报告中提出“更新发展思路，立足内涵挖潜，集约利用土地，实现耕地总量动态平衡”；“采取切实有力措施，确保耕地总量动态平衡”“确立耕地总量和城乡建设用地规模的双向控制指标，建立耕地总量平衡的宏观调控机制”〔1〕，在我国这是第一次正式提出要实现耕地总量动态平衡。1997年中共中央、国务院发出的《关于进一步加强土地管理切实保护耕地的通知》提出：“各省、自治区、直辖市必须严格按照耕地总量动态平衡的要求，做到本地耕地总量只能增加，不能减少，并努力提高耕地质量。”〔2〕1998年新修订的《基本农田保护条例》（1998年修订）第16条再次规定：“占用单位应当按照占多少、垦多少的原则，负责开垦与所占基本农田的数量与质量相当的耕地。”1999年1月1日实施的《土地管理法》（1998年修订，1999年实施）将耕地总量动态平衡政策上升为法律。其第18条第3款规定“各省、自治区、直辖市人民政府编制的土地利用总体规划，应当确保本行政区域内耕地总量不减少”；第31条第2款规定“国家实行占用耕地补偿制度。非农业建设经批准占用耕地的，按照‘占多少，垦多少’的原则，由占用耕地的单位负责开垦与所占用耕地的数量和质量相当的耕地”。《国民经济和社会发展第十个五年计划纲要》要求：“严格执行基本农田保护制度、保持全国耕地总量动

〔1〕 邹玉川：“保持耕地总量动态平衡”，载《中外房地产导报》1996年第14期。

〔2〕《关于进一步加强土地管理切实保护耕地的通知》。

态平衡。”[1]进一步落实、完善耕地总量动态平衡法律制度，国土资源部先后于1999年下发《关于切实做好耕地占补平衡工作的通知》（国土资发39号）、2000年《关于加大补充耕地工作力度确保实现耕地占补平衡的通知》（国土资发120号）、2001年《关于进一步加强和改进耕地占补平衡工作的通知》（国土资发374号）、2002年《关于开展2002年度耕地占补平衡考核工作的通知》（国土资发342号）等文件。2008年国务院发布的《全国土地利用总体规划纲要（2006年~2020年）》规定：“按照建设占用耕地占补平衡的要求，严格落实省、自治区、直辖市补充耕地义务。”[2]2012年6月29日，国土资源部发布的《关于提升耕地保护水平全面加强耕地质量建设与管理的通知》第3项规定：“严格落实耕地占补平衡，把好补充耕地质量关。”[3]

四、建设用地总量控制制度

建设用地总量控制制度是严格保护耕地，限制建设用地数量，保证土地资源可持续利用的重要举措。早在1956年1月24日《国务院关于纠正与防止国家建设征用土地中浪费现象的通知》就提出：“各级人民委员会在审核和批准征用土地计划时，要本着节约用地的原则确定建设单位的用地数量，根据当地建设发展的全面规划核定用地的位置。”之后，国务院、国家领导人多次指示在基本建设中要认真贯彻节约用地的原则，尽量少占耕地。1996年土地管理局局长邹玉川在《耕地：我们的生命线》一文中谈道：“由于耕地总量有限，要想保证能生产足够粮

---

[1]《国民经济和社会发展第十个五年计划纲要》。

[2]《全国土地利用总体规划纲要（2006~2020年）》。

[3]《关于提升耕地保护水平全面加强耕地质量建设与管理的通知》。

食的耕地，必须在控制非农建设用地供应量上做文章。”[1]1996年6月19日，国家土地管理局局长邹玉川在全国土地管理厅局长会议上的报告中提出：“按照严格控制大城市规划，合理发展中小城市的方针，根据耕地控制总量和土地供给能力，通过制订土地利用总体规划，确立省及市级区域性的城镇规模体系，从宏观上做到城镇体系规模适度、布局合理。”[2]“1997年，原国家土地局对1991年1月1日至1996年12月31日整整6年的各类建设用地进行了全面清查。清查表明，仅这6年间全国国家、集体和农民个人建房三项非农建设项目实际用地共202.06万公顷，其中耕地102.4万公顷，占违法用地总面积的25%。全国查出被征后闲置的11.65万顷，占征用地总面积的5.8%，其中有3.45万公顷闲置耕地已无法耕种。”[3]基于此，为限制建设用地规模的扩大，切实保护耕地，1998年国家以法律形式明确提出要控制建设用地总量。当年修订的《土地管理法》（1998年修订）第4条规定“严格限制农用地转为建设用地，控制建设用地总量”；第24条第1款规定“各级人民政府应当加强土地利用计划管理，实行建设用地总量控制”。当年实施的《土地管理法实施条例》第13条规定：“各级人民政府应当加强土地利用年度计划管理，实行建设用地总量控制。”2004年8月修订的《土地管理法》（2004年修订）第4条第2款再次规定：“严格限制农用地转为建设用地，控制建设用地总量。”此次修订还要求建设用地总量控制制度要按照土地利用规划实施。如

〔1〕 邹玉川：“耕地：我们的生命线”，载《农民致富之友》1996年第4期。

〔2〕 邹玉川：“保持耕地总量动态平衡”，载《中外房地产导报》1996年第14期。

〔3〕 时和昌：“谁来保护我们的生命线?”，载 http://www.people.com.cn/GB/channel1/11/20001127/328283.html，访问时间：2016年1月17日。

第18条第2款规定："地方各级人民政府编制的土地利用总体规划中的建设用地总量不得超过上一级土地利用总体规划确定的控制指标，耕地保有量不得低于上一级土地利用总体规划确定的控制指标。"第24条第1款规定："各级人民政府应当加强土地利用计划管理，实行建设用地总量控制。"2006年新修订的《土地利用年度计划管理办法》（2006年修订）第3条再次规定："严格依据土地利用总体规划，控制建设用地总量，保护耕地。"2007年《物权法》第43条重申："严格限制农用地转为建设用地，控制建设用地总量。"2008年8月通过的《循环经济促进法》第13条规定"县级以上地方人民政府应当依据上级人民政府下达的本行政区域建设用地控制指标，规划和调整本行政区域的产业结构，促进循环经济发展"；"新建、改建、扩建建设项目，必须符合本行政区域建设用地控制指标的要求"。为保证土地利用总体规划的实施，充分发挥土地供应的宏观调控作用，控制建设用地总量，2008年11月，国土资源部修正实施了新的《建设项目用地预审管理办法》。2011年1月8日修订的《土地管理法实施条例》（2011年修订）第13条规定："各级人民政府应当加强土地利用年度计划管理，实行建设用地总量控制。"2014年9月1日实施的《节约集约利用土地规定》第7条明确规定："国家通过土地利用总体规划，确定建设用地的规模、布局、结构和时序安排，对建设用地实行总量控制。"

国家每五年的国民经济和社会发展计划纲要也对建设用地总量控制制度进行了规定。《国民经济和社会发展第十个五年计划纲要》要求"统筹安排各类建设用地，合理控制新增建设用地规模"[1]；《国民经济和社会发展第十一个五年计划纲要》

---

〔1〕《国民经济和社会发展第十个五年计划纲要》。

提出“管住总量、严格增量、盘活存量，控制农用地转为建设用地的规模”[1]；《国民经济和社会发展第十二个五年计划纲要》提出“完善土地管理制度，强化规划和年度计划管控，严格用途管制，健全节约土地标准，加强用地节地责任和考核”[2]。

针对建设用地总量控制制度，中共中央、国务院还下发了相关的通知、决定、规划纲要。2001 年 5 月国务院下发的《关于加强国有土地资产管理的通知》提出“严格控制建设用地供应总量”[3]；2004 年国务院发布的《关于深化改革严格土地管理的决定》提出“从严从紧控制农用地转为建设用地的总量和速度”[4]；2006 年 8 月 31 日国务院下发的《关于加强土地调控有关问题的通知》（国发［2006］31 号）提出“禁止擅自将农用地转为建设用地”[5]；2008 年公布的《全国土地利用总体规划纲要（2006 年~2020 年）》提出“以控制新增建设用地规模特别是建设占用耕地规模，来控制建设用地的低效扩张”[6]；2008 年 1 月国务院办公厅下发的《国务院关于促进节约集约用地的通知》规定“严格禁止擅自将农用地转为建设用地”[7]；2008 年 10 月 12 日审议通过的《中共中央关于推进农村改革发展若干重大问题的决定》提出“实行最严格的节约用地制度，从严控制城乡建设用地总规模”[8]。

---

〔1〕《国民经济和社会发展第十一个五年计划纲要》。

〔2〕《国民经济和社会发展第十二个五年计划纲要》。

〔3〕《关于加强国有土地资产管理的通知》。

〔4〕《关于深化改革严格土地管理的决定》。

〔5〕《关于加强土地调控有关问题的通知》（国发［2006］31 号）。

〔6〕《全国土地利用总体规划纲要（2006 年~2020 年）》。

〔7〕《国务院关于促进节约集约用地的通知》。

〔8〕《中共中央关于推进农村改革发展若干重大问题的决定》。

五、渔业捕捞限额制度

新中国成立以来，我国颁布了许多有关渔业的法律、法规及规范性文件，实行了“渔业许可证制度、禁渔区、禁渔期、最小网目尺寸、禁止使用的渔具、渔船马力、功率限制、渔船安排”[1]等措施。虽然在一定程度上减轻了捕鱼的强度，减少了渔获量，但这些措施存在不同程度的缺陷，如许可证制度不是建立在渔业资源承载力基础上，禁渔区、禁渔期、最小网目尺寸、禁止使用的渔具、渔船马力、功率限制、渔船安排等间接限制捕捞努力量的管理措施也不足以改变渔获量过大的问题，捕捞强度依旧会超出渔业资源的承载力。2000 年实施的《渔业法》（2000 年修订）首次规定实行捕捞限额制度、2004 年新修订的《渔业法》（2004 年修订）第 22 条重申“国家根据捕捞量低于渔业资源增长量的原则，确定渔业资源的总可捕捞量，实行捕捞限额制度”；2002 年 12 月 1 日实施的《渔业捕捞许可管理规定》、2004 年新修订的《渔业捕捞许可管理规定》（2004 年修订）、2007 年新修订的《渔业捕捞许可管理规定》（2007 年修订）、2013 年新修订的《渔业捕捞许可管理规定》（2013 年修订）第 3 条都规定“国家对捕捞业实行船网工具控制指标管理，实行捕捞许可证制度和捕捞限额制度”。

此外，规定了实施渔业捕捞限额制度的有 2001 年《国家环境保护“十五”计划》，该计划提出“加强渔业资源和渔业水域生态保护；合理确定养殖容量和捕捞强度”[2]；2006 年 2 月 14 日国务院公布的《中国水生生物资源养护行动纲要》规定

---

〔1〕 黄硕琳：“国际渔业管理制度的最新发展及我国渔业所面临的挑战”，载《上海水产大学学报》1998 年第 3 期。

〔2〕《国家环境保护“十五”计划》。

“实行捕捞限额制度。根据捕捞量低于资源增长量的原则，确定渔业资源的总可捕捞量，逐步实行捕捞限额制度。建立健全渔业资源调查和评估体系、捕捞限额分配体系和监督管理体系，公平、公正、公开地分配限额指标，积极探索配额转让的有效机制和途径”〔1〕；2013 年 3 月 8 日国务院《关于促进海洋渔业持续健康发展的若干意见》（国发［2013］11 号）规定“健全渔业资源调查评估制度，科学确定可捕捞量，研究制定渔业资源利用规划”，“严格执行海洋伏季休渔制度，积极完善捕捞业准入制度，开展近海捕捞限额试点，严格控制近海捕捞强度”〔2〕。

六、草畜平衡制度

草蓄平衡制度是以核定草原的产草量为基础，以草定畜，增草增畜，以达到科学合理的载畜量，实现草与畜之间的动态平衡，进而保证草原资源可持续利用的重要举措。“新中国成立之初，由于牧区牲畜数量相对较少，经营管理草原的水平较低，只有沿袭传统的逐水草而居的放牧方式，经营方式粗放，草原的承载能力却远远高于当时的实际牲畜饲养量。人民公社化以后，草原和牲畜均由集体生产组织来经营管理，其经营管理组织形式发生了变化，管理水平也都有了一定的提高，但对草原的利用仍然十分粗放。20 世纪 80 年代末期，牧区开始实行‘牲畜作价、户有户养’的牲畜承包责任制，并陆续开展了以草原家庭承包经营为内容的草原经营体制改革。但在改革初期，草、蓄承包并没有同步进行，牧民承包牲畜早于承包草原，出现了牲畜吃草原‘大锅饭’问题，在一定程度上还激发了牧民发展牲畜数量的愿望，导致了日益严重的草原超载过牧现象。从 20

〔1〕《中国水生生物资源养护行动纲要》。

〔2〕《关于促进海洋渔业持续健康发展的若干意见》（国发［2013］11 号）。

世纪90年代开始，国家高度重视草原建设和保护工作，逐步加大了对草原的投入力度，先后启动了天然草原植被恢复、牧草种子基地建设、草原围栏、退牧还草等重点工程。同时，党和政府开始重视草蓄平衡问题。2000年，牧区各地陆续开始进行草蓄平衡管理的试点示范工作。”[1]“当时内蒙古自治区政府发布了《内蒙古自治区草畜平衡暂行规定》和《关于开展草畜平衡试点工作的通知》（内政办字［2000］160号文件），自治区原畜牧业厅根据这两个文件的要求下发了关于《贯彻开展草畜平衡试点工作的通知》，要求各地按照160号文件要求在2001年尽快组织开展试点工作，还组织制定了《草畜平衡试点工作方案》。当年，原畜牧业厅在全区选了东乌旗、正蓝旗、阿鲁科尔沁旗和杭锦旗4个旗县和在其它旗县选了19个苏木作为试点，选点充分考虑了地域、草场资源类型和管理方式等不同因素，以期对‘草畜平衡’工作的全面推广摸索经验。经过2001年和2002年两年的试点，试点的范围逐步扩大到全区几乎所有的牧区旗县，2003年部分盟市已经进入全面推广阶段。”[2]“从2000年开始，甘肃省肃南县政府也出台了《关于在全县推行以草定畜、草畜平衡的意见》，启动了草畜平衡试点工作。”[3]

在总结了各地经验和借鉴国外做法的基础上，2002年9月出台的《国务院关于加强草原保护与建设的若干意见》（国务院2002年19号文件）提出“实行草畜平衡制度”[4]。同年12月

---

〔1〕 李聪：《中国北方五省区草畜平衡现状及管理措施调研报告》，2006年天然草原共管国际研讨会，2006年5月13日。

〔2〕 王国钟：“内蒙古牧区草畜平衡工作开展情况的调研报告”，载 http://www. nmagri. gov. cn/zxq/scdt/15042. shtml，访问时间：2016年1月17日。

〔3〕 侯典超、李向林：“草畜平衡研究现状与发展趋势”，载 http://www. china-digitalgrass. com/show. aspx? articleid=17，访问时间：2016年1月17日。

〔4〕《国务院关于加强草原保护与建设的若干意见》。

30日，农业部发布了《天然草地合理载畜量的计算标准》，其对不同类型的草地载畜量的计算方法作出了规定。2003年3月1日实施的新修订的《草原法》（2002年12月修订颁布，自2003年3月1日起施行）将此制度上升为法律。该法第33条第1款规定，草原承包经营者应当合理利用草原，保持草畜平衡；第2款规定，草原载畜量标准和草畜平衡管理办法由国务院草原行政主管部门规定；第45条明确规定国家对草原实行以草定畜、草畜平衡制度。但由于各地情况复杂，《草原法》并未对违反草畜平衡制度的行为作出具体处罚规定，而是仅在第73条作了授权规定。2005年，以农业部规章形式出台了《草畜平衡管理办法》，对草畜平衡工作的目标、原则、管理体制，以及草畜平衡核定、草畜平衡责任书签订等作出了较为具体的规定，但没有作出具体的处罚规定，仅在第17条规定，违反草畜平衡规定的，依照省、自治区、直辖市人民代表大会或其常务委员会的规定予以纠正或处罚。2007年6月农业部公布的《全国草原保护建设利用总体规划》提出“积极推行草畜平衡制度”〔1〕。

在地方立法方面，《内蒙古自治区草原管理条例》第23条对草原承包经营者保持草畜平衡应当采取的措施作出了规定。第30条对实行以草定畜、草畜平衡制度以及草畜平衡核定作出了规定。第31条对签订草畜平衡责任书作出了规定。同时，第46条分两款，分别对超载放牧和不签订草畜平衡责任书的行为作出了具体的处罚规定。《四川省〈中华人民共和国草原法〉实施办法》第11、12条对实行草畜平衡制度、草原载畜量核定以及实现草畜平衡的措施作出了规定。第27条对不同超载程度的行为作出了不同处罚的具体规定。《宁夏回族自治区草原管理条

〔1〕《全国草原保护建设利用总体规划》。

例》第 20~22 条对草原载畜量标准制定、载畜量核定及签订草畜平衡责任书作出了具体规定。第 43 条对超过核定的载畜量放牧的行为作出了处罚规定。《西藏自治区实施〈中华人民共和国草原法〉办法》第 27 条第 2 款对实行草畜平衡制度作出了规定。第 28 条对草原载畜量核定、草畜平衡责任书签订等作出了规定。第 48 条对违反草畜平衡规定行为作出了给予警告和责令在规定的期限内出栏超载牲畜的规定。《甘肃省草原条例》第 22~24 条对草原载畜量核定、草畜平衡责任书签订以及草畜平衡情况抽查等作出了具体规定。第 44 条对不同超载程度的行为作出了不同处罚的具体规定。第 45 条对不依法签订草畜平衡责任书的行为作出了处罚规定。《青海省实施〈中华人民共和国草原法〉办法》第 27~33 条对实行草畜平衡制度、草原载畜量标准、载畜量核定、保持草畜平衡的措施、签订草畜平衡目标任务书以及草畜平衡情况抽查等作出了较为详尽的规定。同时，第 62 条对不同超载程度的行为作出了不同处罚的具体规定。新疆维吾尔自治区于 1989 年颁布、1997 年修订的《新疆维吾尔自治区实施〈中华人民共和国草原法〉细则》仅是笼统地规定实行禁牧休牧和草畜平衡制度，缺乏可操作性。[1]

七、特定矿种开采总量控制制度

特定矿种开采总量控制是防止过度开采特定矿种，实现其可持续利用的重要举措。1986 年 10 月 1 日颁布实施的《矿产资源法》规定“并列入特定矿种和保护性开采的特定矿种的，国家对其管理有特殊的要求”。1994 年 3 月 26 日实施的《矿产资

---

〔1〕 农业部草原监理中心：“完善法律法规严格禁牧休牧和草畜平衡制度确保草原生态保护补助奖励政策实施效果”，载 http://www.grassland.gov.cn/Grassland-new/Item/2873.aspx，访问时间：2016 年 1 月 17 日。

源法实施细则》对“国家规定实行保护性开采的特定矿种”进行了界定。1996年新修订的《矿产资源法》（1996年修订）第17条规定“国家对国家规划矿区、对国民经济具有重要价值的矿区和国家规定实行保护性开采的特定矿种，实行有计划的开采；未经国务院有关主管部门批准，任何单位和个人不得开采”。2005年8月18日《国务院关于全面整顿和规范矿产资源开发秩序的通知》（国发［2005］28号）规定“对保护性开采的特定矿种进行专项整治”要求“国土资源部要继续对保护性开采的特定矿种实行开采总量控制”[1]。2009年国土资源部发布的《保护性开采的特定矿种勘查开采管理暂行办法》指出“保护性开采特定矿种的勘查开采，实行统一规划、总量控制、合理开发、综合利用的原则”。2011年7月24日国务院出台的《关于促进稀土行业持续健康发展的若干意见》提出加强稀土开采总量控制管理等要求。2012年3月2日国土资源部公布的《开采总量控制矿种指标管理暂行办法》规定的实行开采总量控制的矿种包括国务院要求实行开采总量控制的矿种以及依据相关规定决定实行开采总量控制的矿种。

我国现有的保护性开采矿种包括黄金、钨、锡、锑、离子型稀土。1988年，《国务院关于对黄金矿产实行保护性开采的通知》（国发［1988］75号）将黄金矿产列为“实行保护性开采的特定矿种”。1991年，国务院发布的《关于将钨、锡、锑、离子型稀土矿产列为国家实行保护性开采特定矿种的通知》规定“将钨、锡、锑、离子型稀土矿产列为国家实行保护性开采的特定矿种，从开采、选冶、加工到市场销售、出口等各个环节，实行有计划的统一管理”。

---

［1］《国务院关于全面整顿和规范矿产资源开发秩序的通知》（国发［2005］28号）。

我国现对钨矿、稀土、锑矿、高铝粘土矿和萤石矿实行开采总量控制。2002年开始对钨矿的开采实行总量控制，国土部连续13年对全国钨矿开采企业下发年度钨矿开采总量控制指标。2006年开始对稀土的开采实行总量控制，国土部连续9年对全国稀土矿开采企业下达稀土开采总量控制指标。2009年开始对锑矿的开采实行开采总量控制，国土部连续6年对锑矿开采企业下达稀土开采总量控制指标。2010年国务院办公厅发布的《关于采取综合措施对耐火粘土萤石的开采和生产进行控制的通知》开始对高铝粘土矿和萤石矿实行开采总量控制管理。

第三节　污染物排放总量控制制度

早期，我国针对环境污染问题实施的应对之策是对污染物排放实行浓度控制，1973年，国家颁发了《工业“三废”排放试行标准》（GBJ4-73）。然而，随着时间的推移，浓度控制措施的缺陷逐渐暴露，国家以此提出浓度控制和总量控制相结合、浓度控制向总量控制转变的政策。现今的污染物排放总量控制制度历经了“浓度控制—既浓度控制又总量控制—现在的总量控制”的逐层递进。需要指出的是，我国的总量控制制度是目标总量控制、重点污染物排放总量控制，还没有实行环境容量总量控制制度。我国的污染物排放总量控制制度具体包括水污染物排放总量控制制度、大气污染物排放总量控制制度、污染物排海总量控制制度。

我国的水环境污染物总量控制的概念来自日本的“封闭性水域总量控制”，技术方法引自美国的水质规划理论。“早在‘六五’期间，国家重点科技攻关课题中有关上海黄浦江、四川沱江、第二松花江等河流的水质保护科研成果中，提出了总量控制的思想。”[1]1985 年 4 月，上海市人大常委会审议、颁发的《上海市黄浦江上游水源保护条例》首次规定“在水源保护区和准水源保护区内，实行污染物排放总量与浓度控制相结合的管理办法”。同时做出了“总量指标有偿转让或交换”的规定。1986 年 11 月 21 日国务院环境保护委员会通过的《关于防治水污染技术政策的规定》提出“对流域、区域、城市、地区以及工矿企业污染物的排放要实行总量控制”。1989 年 9 月 1 日，国务院批准颁布了《水污染防治法实施细则》规定企事业单位排放水污染物必须达到国家或地方制定的污水排放标准和污染物排放总量控制指标。1990 年 12 月 5 日，《国务院关于进一步加强环境保护工作的决定》提出“逐步推行污染物排放总量控制和排污许可证制度”。1993 年，国家环保局提出污染控制要向“单纯浓度控制与总量控制相结合”方向转变。1995 年 8 月 8 日国务院颁布的《淮河流域水污染防治暂行条例》第 9 条规定“国家对淮河流域实行水污染物排放总量控制制度”。1995 年 10 月 24 日国家环保局提出《全国主要污染物排放总量控制思路框架》。1996 年 3 月 17 日全国人大批准的《国民经济和社会发展“九五”计划和 2010 年远景目标规划》提出“创造条件实施污染物排放总量控制”[2]。1996 年修订的《水污染防治法（1996 年修订）》第 16 条规定：“省级以上人民政府对实现水污染物达标排放仍不能达到国家规定的水环境质量标准的水体，可以实施重点污染物排放的总量控制制度，并对有排污量削减任务的企业实施该重点污染物排放量的核定制度。”1996 年 7 月召开的第四次全国环境保护会议提出的《“九五”期间全国主要

---

〔1〕 祝兴祥、骆建明：“中国排污许可证制度的产生、发展及现状”，载《世界环境》1991 年第 1 期。

〔2〕《国民经济和社会发展“九五”计划和 2010 年远景目标规划》。

污染物排放总量控制计划》规定对工业固体废物和 3 项大气污染物、8 项水污染物实行总量控制，重点对“三河”“三湖”“两区”“一市”“一海”进行综合治理。1996 年 8 月 3 日《国务院关于环境保护若干问题的决定》（国发［1996］31 号）提出“要实施污染物排放总量控制，抓紧建立全国主要污染物排放总量指标体系和定期公布的制度”[1]。1997 年 6 月 10 日国家环境保护总局公布的《“九五”期间全国主要污染物排放总量控制实施方案（试行）》规定了“九五”期间总量控制计划的分解落实、污染物排放总量控制的监督管理、总量控制的保证措施以及总量控制的考核和公布。到此，污染物排放总量控制制度在中国开始真正实施。

1998 年 9 月 29 日，山西省人大常委会审议批准《太原市大气污染物排放总量控制方法》，这是我国实施总量控制的第一部地方法规。1998 年 11 月 29 日实施的《建设项目环境保护管理条例》规定在实施重点污染物排放总量控制的区域内，建设产生污染的建设项目必须符合重点污染物排放总量控制的要求。1999 年 12 月 25 日公布实施的《海洋环境保护法》（1999 年修订）第 3 条规定：“国家建立并实施重点海域排污总量控制制度，确定主要污染物排海总量控制指标，并对主要污染源分配排放控制数量。”2000 年 4 月 29 日通过的《大气污染防治法》(2000 年修订）第 3 条规定：“国家采取措施，有计划地控制或者逐步削减各地方主要大气污染物的排放总量。”第 15 规定：“国务院和省、自治区、直辖市人民政府对尚未达到规定的大气环境质量标准的区域和国务院批准划定的酸雨控制区、二氧化硫污染控制区，可以划定为主要大气污染物排放总量控制区。”

[1]《国务院关于环境保护若干问题的决定》（国发［1996］31 号）。

2000年3月20日公布实施的《水污染防治法实施细则》（2000年修订）规定了国家确定的重要江河流域的总量控制计划的编制、总量控制实施方案的制定、总量控制指标分配的原则、排污许可证的发放等。2000年11月26日，国务院下发的《关于印发全国生态环境保护纲要的通知》提出："加大海洋污染防治力度，逐步建立污染物排海总量控制制度。"[1]2000年修订的《大气污染防治法》第3条规定："国家采取措施，有计划地控制或者逐步削减各地方主要大气污染物的排放总量。"2008年修订的《水污染防治法》进一步强化了重点水污染物排放总量控制制度。2014年修订的《环境保护法》第44条规定"国家实行重点污染物排放总量控制制度"，将重点污染物排放总量控制确定为我国环境保护的基本制度。

在我国，污染物排放总量控制是重点或主要污染物排放总量控制，具体包括水污染物排放总量控制制度、主要大气污染物的排放总量以及重点海域排污总量控制制度。从"九五"计划开始，"十五""十一五""十二五""十三五"规划分别规定了每"五年"我国污染物排放总量控制目标，并取得了一定的实施成果。

"十五"期间（2001年~2005年）。《国民经济和社会发展第十个五年计划纲要》提出"主要污染物排放总量比2000年减少10%"，"2005年两控区二氧化硫排放量比2000年减少20%"[2]。《国家环境保护"十五"规划》详细规定了"十五"规划期间的减排目标和总量控制指标，除继续对"三河""三湖""两区""一市""一海"进行综合治理外，还加强了三峡库区和南水北调工程沿线的水污染综合治理，启动了长江上游、黄河中游和

[1]《关于印发全国生态环境保护纲要的通知》。

[2]《国民经济和社会发展第十个五年计划纲要》。

松花江流域的水污染综合治理，并将113个大气污染防治重点城市纳入全国污染防治工作重点。2005年12月3日国务院《国务院关于落实科学发展观加强环境保护的决定》提出“严格控制污染物排放总量”；“要实施污染物总量控制制度，将总量控制指标逐级分解到地方各级人民政府并落实到排污单位”；“禁止无证或超总量排污”；“对超过污染物总量控制指标暂停审批新增污染物排放总量的建设项目”；“对不能稳定达标或超总量的排污单位实行限期治理”。〔1〕在此期间，规定了污染物排放总量控制的规范性文件有2001年10月1日公布实施的《淮河和太湖流域排放重点水污染物许可证管理办法》、2003年《清洁生产促进法》、2005年《污染源自动监控管理办法》。

“十一五”期间（2006年~2010年）。《国民经济和社会发展第十一个五年计划纲要》提出“主要污染物排放总量减少10%”〔2〕且10%为约束性指标。《国家环境保护“十一五”规划》规定了“十一五”规划期间的规划目标和总量控制指标。2008年，原国家环保总局升格为环境保护部，在该部还专门新设了“污染物排放总量控制司”。2010年12月31日发布的《中共中央国务院关于加快水利改革发展的决定》提出“建立水功能区限制纳污制度。确立水功能区限制纳污红线，从严核定水域纳污容量，严格控制入河湖排污总量”〔3〕。在此期间，规定了污染物排放总量控制的规范性文件有2008年修订的《水污染防治法》（2008年修订），进一步强化了重点水污染物排放总量控制制度。

“十二五”期间（2011年~2015年）。《国家环境保护“十

〔1〕《国务院关于落实科学发展观加强环境保护的决定》。

〔2〕《国民经济和社会发展第十一个五年计划纲要》。

〔3〕《中共中央国务院关于加快水利改革发展的决定》。

二五”规划》提出“到2015年，主要污染物排放总量显著减少”；“着力减少新增污染物排放量”；“在已富营养化的湖泊水库和东海、渤海等易发生赤潮的沿海地区实施总氮或总磷排放总量控制。在重金属污染综合防治重点区域实施重点重金属污染物排放总量控制。推进造纸、印染和化工等行业化学需氧量和氨氮排放总量控制”；“落实重点海域排污总量控制制度”；“严格控制重点生态功能区污染物排放总量”。〔1〕2011年10月17日公布的《国务院关于加强环境保护重点工作的意见》提出“继续加强主要污染物总量减排”。〔2〕2012年1月12日国务院印发的《国务院关于实行最严格水资源管理制度的意见》提出“加强水功能区限制纳污红线管理，严格控制入河湖排污总量”。〔3〕在此期间，规定了污染物排放总量控制的规范性文件有2011年11月1日施行的《太湖流域管理条例》第25条规定“太湖流域实行重点水污染物排放总量控制制度”；2015年1月1日生效实施的《环境保护法》（2014年修订、2015年实施）第44条规定“国家实行重点污染物排放总量控制制度”。

“十三五”期间。《中共中央关于制定国民经济和社会发展第十三个五年规划的建议》提出了“主要污染物排放总量大幅减少”的目标建议。2016年环保部编制完成的《国家环境保护“十三五”规划基本思路》提出“要以质量改善为核心，优化和完善主要污染物总量控制指标体系”。〔4〕“对全国实施重点行业工业烟粉尘总量控制，对总氮、总磷和挥发性有机物（以下简称“VOCs”）实施重点区域与重点行业相结合的总量控制，

〔1〕《国家环境保护“十二五”规划》。

〔2〕《国务院关于加强环境保护重点工作的意见》。

〔3〕《国务院关于实行最严格水资源管理制度的意见》。

〔4〕“国家环保十三五规划纲要”，载 http://yjbys.com/jiuyezhidao/fanwen/qita-fanwen/863510.html，访问时间：2016年4月16日。

增强差别化、针对性和可操作性。”〔1〕

第四节 消耗臭氧层物质总量控制制度

消耗臭氧层物质总量控制制度的实施目的是为了减少并逐步淘汰使用消耗臭氧层的物质，进而保护臭氧层。我国已经参加了1987年《保护臭氧层维也纳公约》、1989年《蒙特利尔议定书》及其《伦敦修正案》《哥本哈根修正案》。为切实履行国际公约，1991年成立了中国国家保护臭氧层领导小组，1992年成立了多边基金项目管理办公室，2000年由国家环保总局、外经贸部、海关总署联合成立了“国家消耗臭氧层物质进出口管理办公室”。1993年1月12日国务院批准了《中国逐步淘汰消耗臭氧层物质国家方案》。1999年11月15日国务院批准实施了由18个部委会签的《中国逐步淘汰消耗臭氧层物质国家方案》(1999年修订)。2000年4月29日修订的《大气污染防治法》(2000年修订）第45条规定：“国家鼓励、支持消耗臭氧层物质替代品的生产和使用，逐步减少消耗臭氧层物质的产量，直至停止消耗臭氧层物质的生产和使用。在国家规定的期限内，生产、进口消耗臭氧层物质的单位必须按照国务院有关行政主管部门核定的配额进行生产、进口。”2005年《国务院关于落实科学发展观加强环境保护的决定》（国发［2005］39号）提出“努力控制温室气体排放，加快消耗臭氧层物质的淘汰进程”。2010年6月1日实施的《消耗臭氧层物质管理条例》首次提出“国家对消耗臭氧层物质的生产、使用、进出口实行总量控制和配额管理”。

---

〔1〕“国家环保十三五规划纲要”，载http://yjbys.com/jiuyezhidao/fanwen/qita-fanwen/863510.html，访问时间：2016年4月16日。

我国现已对某些消耗臭氧层的物质进行了生产配额管理，并对列入《中国进出口受控消耗臭氧层物质名录》的消耗臭氧层物质实行进出口配额许可证管理。

哈龙灭火剂生产配额管理。1997 年我国开始实施了第一个 ODS 行业整体淘汰计划——《中国消防行业哈龙整体淘汰计划》。1997 年 12 月 3 日国家环境保护总局与公安部联合颁布的《关于实施哈龙灭火剂生产配额许可证管理的通知》决定从“1998 年 1 月 1 日起，所有生产哈龙灭火剂的企业必须持有哈龙灭火剂生产配额许可证。无生产配额许可证的企业不得组织哈龙灭火剂的生产”。之后，颁布了《哈龙灭火剂生产配额许可证管理实施细则》。2007 年 7 月 1 日，中国提前两年半完成了对哈龙的淘汰。

ODS 清洗剂的消费/经营实施使用许可证管理。1998 年开始研究制定《中国清洗行业 ODS 整体淘汰计划》，承诺在 2010 年 1 月 1 日前淘汰甲基氯仿（TCA）、三氟三氯乙烷（CFC-113）和作为清洗用途四氯化碳（CTC）的消费（必要用途除外）。2002 年 6 月 20 日发布的《关于下发消耗臭氧层物质（ODS）清洗剂实行使用许可证的通知》（环经函［2002］28 号）、《关于 ODS 清洗剂使用许可证的管理规定》规定从 2002 年 7 月 15 日开始对 ODS 清洗剂的消费/经营实施使用许可证管理。2003 年 7 月，国家环保总局印发了《关于严格控制新、扩建或改建 1，1，1-三氯乙烷和甲基溴生产项目的通知》（环办［2003］60 号），要求自本通知印发之日起，各地不得新建、扩建或改建 TCA 和甲基溴生产装置，各级环保部门不得批准 TCA 和甲基溴生产（线）建设项目环境影响报告书。2004 年 7 月，《蒙特利尔议定书》多边基金执委会批准了《中国甲基氯仿生产行业淘汰计划》。2004 年 9 月，国家环保总局印发了《关于对甲基氯仿生产实施配额许可证管理的公告》（环函［2004］303号）。2006年10月，国家环保总局颁布了《甲基氯仿生产配额证、使用配额许可证及销售登记证管理办法（试行）》，决定对TCA生产、使用、销售、进出口等实行登记备案和配额许可制度，严格控制TCA的生产、使用、销售和进出口。2003年6月1日提前淘汰了CTC清洗剂，2006年1月1日提前淘汰了CFC-113清洗剂，2010年全面淘汰甲基氯仿。

CFCs生产配额管理。1999年5月31日国家环境保护总局、国家石油和化学工业局联合颁发的《关于实施全氯氟烃产品（CFCs）生产配额许可证管理的通知》决定自1999年1月1日起对CFCs生产实行配额许可证管理。之后，颁布了《全氯氟烃产品（CFCs）生产配额许可证制度实施细则》。2007年7月1日，中国提前两年半完成了对全氯氟烃的淘汰。

CFC-11消费配额管理。2001年1月1日正式实施《中国烟草行业CFCs整体淘汰计划》，并对CFC-11实施消费配额管理。

CTC消费配额管理。2003年4月7日发布的《关于严格控制新（扩）建四氯化碳生产项目的通知》规定："为实现逐步削减并淘汰作为生产氯氟烃类物质（CFCs）主要原料及作为助剂、清洗剂的四氯化碳的目标，必须严格控制四氯化碳生产建设项目。"2003年5月27日颁布的《关于实施四氯化碳消费配额许可证管理的通知》"决定对CTC的消费实施配额许可证管理"。2010年1月1日，中国全面淘汰四氯化碳。

HCFCs的生产、使用配额管理。2013年环保部发布了《关于加强含氢氯氟烃生产、销售和使用管理的通知》，开始对HCFCs生产、使用进行配额许可证管理。由此，我国正式履约《蒙特利尔议定书》，消减使用含氯氟烃。

消耗臭氧层物质进出口配额管理。1999年12月3日颁布的

《消耗臭氧层物质进出口管理办法》规定“对列入《中国进出口受控消耗臭氧层物质名录》的消耗臭氧层物质，实行进出口配额许可证管理”。2000 年 4 月 13 日国家环保局对外经济合作部及海关总署以环发［2000］85 号文发布《关于加强对消耗臭氧层物质进出口管理的规定》的通知第 8 条规定“管理办公室确定国家受控物质年度进出口配额，并根据当年某种受控物质实际出口情况，适时对该种受控物质年度进口配额进行调整”；“对没有特殊规定的物质，管理办公室将根据企业申请的数量和国际公约的有关规定，确定其出口配额”。2014 年 3 月 1 日开始实施新的《消耗臭氧层物质进出口管理办法》（2014 年修订）。

第三章 中国总量控制制度实践类型的实施结果

总量控制制度是基于人与自然资源、环境关系失衡，在解决有限的环境能力与事实上已经超出或在局部已经超出环境能力的人类需求之间的关系问题中产生的。在我国，其首先实践于人口总量控制，其次是自然资源利用，再次是环境污染治理和臭氧层保护。我国现有的总量控制实践类型包括人口总量控制、资源利用总量控制、污染物排放总量控制、消耗臭氧层物质总量控制等，这些制度的实施结果如何呢？本部分将重点论述资源利用总量控制、污染物排放总量控制这两个方面的实施结果。

第一节　资源利用总量控制实施的结果

如前所述，资源利用总量控制制度具体包括在森林资源保护方面的森林采伐限额制度；在水资源保护方面的用水总量控制制度；在土地资源保护方面的耕地总量动态平衡制度、建设用地总量控制制度等；在渔业资源保护方面的渔业捕捞限额制度；在草原资源保护方面的草蓄平衡制度；在矿产资源保护方面的特定矿种开采总量控制制度。这些制度的实施情况如何呢？以下数据或许可以进行解答。

一、森林采伐限额制度方面

通过实施森林采伐限额制度，我国的森林资源确实得以保护，但此制度的实施依旧存在问题，我国的森林资源所面临的形势依然严峻。根据《中华人民共和国森林法》的有关规定，我国建立了森林资源定期清查制度，每5年完成一轮全国清查工作。国家林业局公布的第五次全国森林资源清查（1994年~1998年）结果显示："我国森林质量不高，单位面积蓄积量指标远远低于世界林业发达国家水平；林龄结构不合理，可采资源继续减少，这对后备资源培育构成极大威胁；林地被改变用途或征占现象非常严重，而且数量巨大。"根据第六次全国森林资源清查（1999年~2003年）结果显示："森林资源总量不足……林地流失、林木过量采伐现象依然存在……森林生态系统的整体功能还非常脆弱，与社会需求之间的矛盾仍相当尖锐，保护和发展森林资源任重道远。"第七次全国森林资源清查（2004年~2008年）结果显示："我国森林资源保护和发展依然面临着总量不足的问题。生态脆弱状况没有根本扭转……森林可采资源少，木材供需矛盾加剧，森林资源的增长远不能满足经济社会发展对木材需求的增长。"第八次全国森林资源清查（2009年~2013年）结果显示："我国仍然是一个缺林少绿、生态脆弱的国家，森林资源总量相对不足、质量不高、分布不均的状况仍未得到根本改变，林业发展还面临着巨大的压力和挑战……随着城市化、工业化进程的加速，生态建设的空间将被进一步挤压，严守林业生态红线，维护国家生态安全底线的压力日益加大。"2015年，国家林业局公布了第九次全国森林资源2014年山西、辽宁、黑龙江、广西、贵州、宁夏6省（区）及中国龙江森林工业（集团）总公司和大兴安岭林业集团公司的森林资源清查结果，与第八次全国森林资源清查数据相比，6省（区）及两森工集团森林覆盖率和森林蓄积量均有提高，森林资源总体呈现良好状态。2016年12月30日，国家林业局关于公布北京等6省（区、市）2016年森林资源清查主要结果的通知。结果显示：相比之前，森林覆盖率和森林蓄积量均有提高，森林资源总体也呈现出良好状态。

二、用水总量控制方面

从2002年新修订的《水法》第47条提出国家对用水实行总量控制至今，已有12年，但此制度并没有得到真正有效的实施，存在诸多的不足。根据历年公布的《中国水资源公报》可知，我国每年的总供水量规模都很大，总体呈上升趋势。1993年，全国年总供水量为5224亿m^3，1997全国年总供水量为5623亿m^3，比1993年增加了399亿m^3[1]。1998年全国总供水量5470亿m^3[2]，1999年全国总供水量5613亿m^3[3]，2000年全国总供水量5531亿m^3[4]，2001年全国总供水量5567亿m^3[5]，2002年全国总供水量5497亿m^3[6]，2003年全国总供水量5320亿m^3[7]，2004年全国总供水量5548亿m^3[8]，2005年全国总

〔1〕《1997年中国水资源公报》。
〔2〕《1998年中国水资源公报》。
〔3〕《1999年中国水资源公报》。
〔4〕《2000年中国水资源公报》。
〔5〕《2001年中国水资源公报》。
〔6〕《2002年中国水资源公报》。
〔7〕《2003年中国水资源公报》。
〔8〕《2004年中国水资源公报》。

供水量 5633 亿 m^3[1]，2006 年全国总供水量 5795 亿 m^3[2]，2007 年全国总供水量为 5818.7 亿 m^3[3]，2008 年全国总供水量为 5909.9 亿 m^3[4]，2009 年全国总供水量为 5965.2 亿 m^3[5]，2010 年的全国总供水量为 6022.0 亿 m^3[6]，从此年开始全国总供水量突破 6000 亿 m^3。2011 年全国总供水量为 6107.2 亿 m^3[7]，2012 年全国总供水量为 6131.2 亿 m^3[8]，相比 1993 年，增加了 907.2 亿 m^3。相反，从 1997 年~2011 年，我国水资源总量呈逐年减少的趋势，14 年间共减少 4598 亿 m^3。2013 年 3 月国家水利部发布的《第一次全国水利调查公报》显示，截至 2011 年底，中国流域面积在 100 平方公里左右的河流约有 2.3 万多条，比 20 世纪 90 年代的统计减少了 2.7 万多条。也就是说，中国近 20 年内河流减少了一半以上。2013 年，“全国水资源总量为 27 957.9 亿 m^3，比常年值偏多 0.9%”。这一年，“全国总用水量 6183.4 亿 m^3”“全国用水消耗总量 3263.4 亿 m^3”[9]。2014 年 4 月，《中国水环境调研白皮书》在上海市发布。该白皮书显示，我国水资源总量位居全球第 6 位，但仍被联合国列为 13 个贫水国家之一。原因是中国人均水资源占有量只有 2300m^3 ~ 2500m^3 左右，对比全球人均的 12 900m^3，这一数字仅为世界的 1/4、美国的 1/5、俄罗斯的 1/7、加拿大的 1/50，排世界第 110

〔1〕《2005 年中国水资源公报》。
〔2〕《2006 年中国水资源公报》。
〔3〕《2007 年中国水资源公报》。
〔4〕《2008 年中国水资源公报》。
〔5〕《2009 年中国水资源公报》。
〔6〕《2010 年中国水资源公报》。
〔7〕《2011 年中国水资源公报》。
〔8〕《2012 年中国水资源公报》。
〔9〕《2013 年中国水资源公报》。

位。[1]基于现今工农业发展的需要，未来水资源的需求量会更大，这将对本已稀缺的水资源带来更加严峻的挑战，用水总量控制制度更应得到有效的贯彻落实。“2014 年全国水资源总量为 27 266.9 亿 m^3，比常年值偏少 1.6%”，这一年的“全国总用水量 6095 亿 m^3”“全国用水消耗总量 3222 亿 m^3”[2]。到 2015 年，“全国水资源总量为 27 962.6 亿 m^3，比常年值偏多 0.9%”，这一年的“全国总用水量 6103.2 亿 m^3” “全国用水消耗总量 3217.0 亿 m^3”[3]。

三、耕地总量动态平衡制度方面

耕地总量动态平衡制度的实施是为了保证“在一定时期、一定行政范围内减少的耕地总量和开垦增加的耕地总量保持动态的平衡”[4]。自 1996 年提出保持耕地总量动态平衡的战略思想，1997 年正式提出实施耕地总量动态平衡制度以来，确实“在制约各地对建设用地的需求，提高集约利用水平，保护和补充耕地等方面发挥了积极的作用”[5]，但此制度依旧存在不足。耕地面积不断减少。2001 年“全国可耕种的耕地面积为 19.14 亿亩”[6]；2002 年“全国耕种的耕地为 12 593 万公顷，与 2001 年相比，耕地减少 1.32%”[7]；2003 年“全国耕种的耕地

---

[1] “七大流域现状大调查：水资源分布不均且过度开发”，载 http://news.bjx.com.cn/html/20140422/505676.shtml，访问时间：2015 年 9 月 17 日。

[2] 《2014 年中国水资源公报》。

[3] 《2015 年中国水资源公报》。

[4] 张耀华：“现行耕地保护法律制度研究”，载《人民论坛》2013 年第 26 期。

[5] 王公芹：“耕地总量动态平衡探索——以山东省平邑县为例”，载《山东国土资源》2011 年第 8 期。

[6] 《2001 年中国国土资源公报》。

[7] 《2002 年中国国土资源公报》。

面积为 12 339.22 万公顷，全国净减少耕地 253.74 万公顷"[1]；2004 年"全国耕地 12244.43 万公顷，全国耕地净减少 80.03 万公顷"[2]；2005 年"全国耕地 12 208.27 万公顷，耕地净减少 36.16 万公顷，与 2004 年相比，耕地面积减少 0.30%"[3]；2006 年"全国耕地 12 177.59 万公顷，耕地净减少 30.7 万公顷，与 2005 年相比，耕地面积减少 0.25%"[4]；2007 年"全国耕地 12 173.52 万公顷（18.26 亿亩），全国耕地净减少 4.07 万公顷（61.01 万亩），与 2006 年相比，耕地减少 0.03%，同比下降 0.22 个百分点"[5]；2008 年"全国耕地面积 18.2574 亿亩，净减少 29 万亩"[6]。

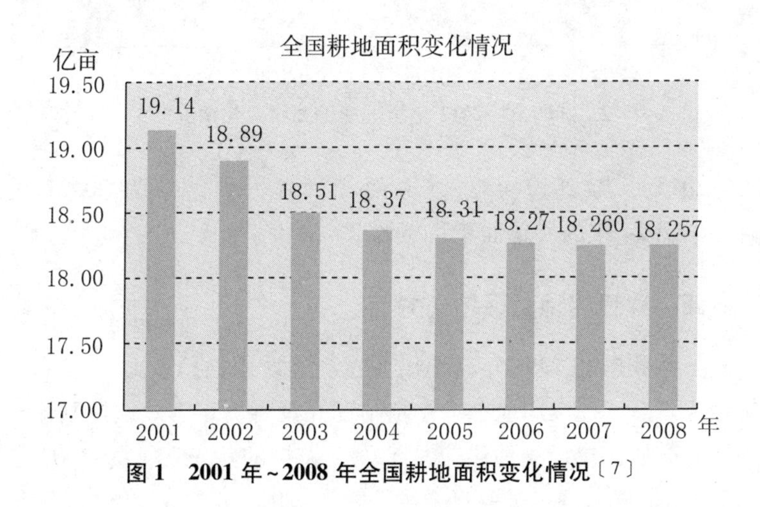

图 1　2001 年～2008 年全国耕地面积变化情况[7]

[1]《2003 年中国国土资源公报》。
[2]《2004 年中国国土资源公报》。
[3]《2005 年中国国土资源公报》。
[4]《2006 年中国国土资源公报》。
[5]《2007 年中国国土资源公报》。
[6]《2008 年中国国土资源公报》。
[7]《2008 年中国国土资源公报》。

自2009年至2012年，我国的耕地面积持续减少。如图2所示：

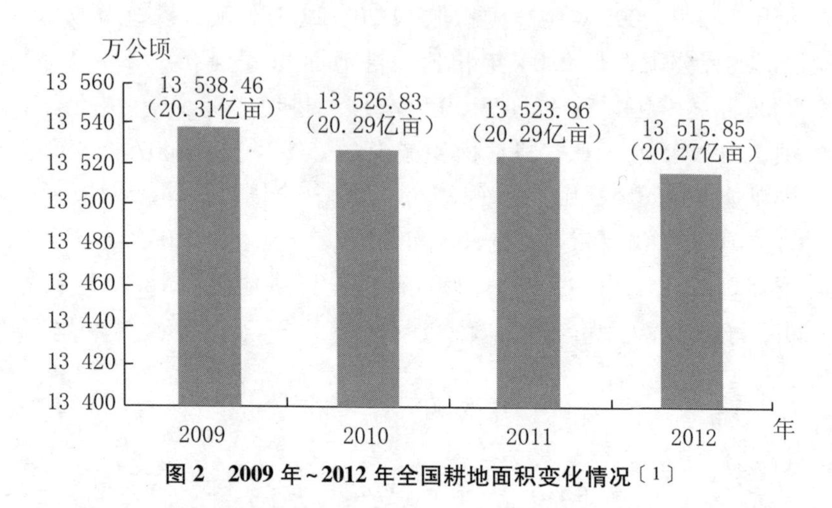

图2　2009年~2012年全国耕地面积变化情况〔1〕

2013年与2012年的耕地面积大体一样，约为20.27亿亩。〔2〕2014年的耕地面积将减为20.26亿亩〔3〕。

四、建设用地总量控制方面

虽然我国在1998年就提出要控制建设用地总量，现已有16年之久，但“建设用地总量控制制度并没有真正有效地控制建设用地的增加，建设用地供应总量处于失控的状态”〔4〕；2002年“建设用地净增加40.9万公顷”〔5〕；2003年“新增建设用地

〔1〕《2013年中国国土资源公报》。

〔2〕《2014年中国国土资源公报》。

〔3〕《2015年中国国土资源公报》。

〔4〕郑太福、唐双娥：“应对气候变化的建设用地总量控制制度之完善”，载《求索》2012年第7期。

〔5〕《2002年中国国土资源公报》。

42.78 万公顷”[1]；2005 年“新增建设用地 43.2 万公顷”[2]；2006 年新增建设用地数量降低，“全年新增建设用地 32.9 万公顷”[3]；但 2007 年数量又增加了，“全年批准新增建设用地 39.50 万公顷”[4]；2008 年“全国批准建设用地 38.35 万公顷”[5]；2009 年全国批准建设用地更是高达“57.6 万公顷”[6]；2010 年有所减少，“全国批准建设用地 48.45 万公顷”[7]；2011 年和 2012 年的全国批准建设用地突破到“61.17 万公顷”[8]和“61.52 万公顷”[9]；2013 年全国批准的建设用地有所减少，为“53.43 万公顷”[10]；2014 年，全国共批准建设用地 40.38 万公顷，同比下降 24.4%[11]。2015 年，国有建设用地供应 53.36 万公顷，相比上一年度减少 17.7%。[12]

五、渔业捕捞限额制度方面

在 2000 年开始规定实施渔业捕捞限额制度之前，我国于 1995 年开始全面实行伏季休渔制度，1999 年又实行海洋捕捞产量“零增长”计划，接着 2001 年起实行“负增长”，但渔业资

[1] 《2003 年中国国土资源公报》。
[2] 《2005 年中国国土资源公报》。
[3] 《2006 年中国国土资源公报》。
[4] 《2007 年中国国土资源公报》。
[5] 《2008 年中国国土资源公报》。
[6] 《2009 年中国国土资源公报》。
[7] 《2010 年中国国土资源公报》。
[8] 《2011 年中国国土资源公报》。
[9] 《2012 年中国国土资源公报》。
[10] 《2013 年中国国土资源公报》。
[11] 《2014 年中国国土资源公报》。
[12] 《2015 年中国国土资源公报》。

源和生态环境恶化的势头仍未能得到有效遏制[1]，捕捞强度依旧过大，超过渔业资源的再生能力。再加上“涉水工程大量挤占渔业水域”[2]、“工业污染和生活排污严重损害渔业水域”[3]，使得“传统渔业空间受到挤压”[4]，渔业生物资源量下降、渔业生物高值种类生物量下降，“渔业资源衰退趋势加剧”[5]，已进入严重衰退期。《2012年渔业统计年鉴》附录2《调整后历年水产品产量对照表》可知，我国的海洋捕捞产量从1986年的430.22万吨增长至2012年的1267.19万吨；远洋渔业从1986年1.99万吨增长至2012年122.34万吨；淡水捕捞从1986年的58.32万吨增长至2012年的229.79万吨；海水养殖从1986年的150.08万吨增长至2012年的1643.81万吨；淡水养殖从1986年的295.15万吨增长至2012年的2644.54万吨。在26年的时间内海洋捕捞的数量增长了3倍、远洋渔业增长了122倍、淡水捕捞增长了接近4倍，海水养殖增长了接近11倍、淡水养殖增长了接近9倍。从这一数字变化可知，我国的海洋、淡水捕捞强度依旧很大，而且由于近海渔业资源紧缩，开始向远洋进击，以致远洋渔业增长了122倍。同时，我国不断增加海水、淡水养殖规模。《全国渔业发展第十三个五年规划》指出我国渔业“资源环境约束趋紧，传统渔业水域不断减少，渔业发展空间受限。水域环境污染依然严重，过度捕捞长期存在，涉水工程建设不断增加，主要鱼类产卵场退化，渔业资源日趋衰退，珍稀水生野生动物濒危程度加剧，实现渔业绿色发展和可持续发展

---

[1] 杨坚：“中国渔业发展现状及发展规划”，载 http://fsc.shou.edu.cn/neibu/2-zyfzdh.htm，访问时间：2016年3月16日。

[2]《全国渔业发展第十二个五年计划》。

[3]《全国渔业发展第十二个五年计划》。

[4]《全国渔业发展第十二个五年计划》。

[5]《全国渔业发展第十二个五年计划》。

的难度加大”[1]。

六、草蓄平衡制度方面

草蓄平衡制度自2002年正式实施以来，实施的效果并不尽如人意。首先，其作为以载畜量的调控为核心的草原管理制度[2]，全国重点天然草原的平均牲畜超载率居高不下。农业部从2005年开始开展全国草原监测工作以来，直到2013年平均牲畜超载率首次降到20%以下。2006年，“全国天然草原平均超载牲畜34%左右，各大牧区省份均存在不同程度的超载，其中西藏超载38%、内蒙古超载22%、新疆超载39%、青海超载39%、四川超载40%、甘肃超载40%。266个牧区、半农半牧区县（旗）有204个处于超载状态”[3]。2007年，“全国重点天然草原的牲畜超载率为33%，较上年下降1个百分点。全国266个牧区、半农半牧区县（旗）中，牲畜超载率大于20%的有178个县（旗）……从六大牧区的情况看：内蒙古、青海、甘肃、新疆、四川和西藏的牲畜超载率分别为20%、38%、38%、39%、39%、40%”[4]。2008年，“全国重点天然草原的牲畜超载率为32%，其中266个牧区、半农半牧区县（旗）中，牲畜超载率大于20%的有176个县（旗），超载程度较重的县旗个数有所减少……其中，西藏、内蒙古、新疆、青海、四川、甘肃的牲畜超载率分别为38%、18%、40%、37%、39%、39%”[5]。2009年，“全国重点天然草原的牲畜超载率为31.2%，较上年下

[1]《全国渔业发展第十三个五年规划》。

[2] 李艳波、李文军：“草畜平衡制度为何难以实现‘草畜平衡’”，载《中国农业大学学报（社会科学版）》2012年第1期。

[3]《2006年全国草原监测报告》。

[4]《2007年全国草原监测报告》。

[5]《2008年全国草原监测报告》。

降了 0.8 个百分点。其中，西藏草原的牲畜超载率为 39%，较上年上升 1 个百分点；内蒙古为 25%，上升 7 个百分点；新疆为 35%，下降 5 个百分点；青海为 26%，下降 11 个百分点；四川为 38%，下降 1 个百分点；甘肃为 38%，下降 1 个百分点。从牧区、半牧区县（旗）情况看：处于过度利用的草原面积占全国 266 个牧区、半牧区县（旗）草原面积的 45.4%。其中，在牧区，42%的草原还存在超载过牧情况；在半牧区，56.4%的草原仍存在超载过牧情况"〔1〕。2010 年，"全国重点天然草原的牲畜超载率为 30%，较上年下降了 1.2 个百分点。其中，西藏、内蒙古、新疆、青海、四川、甘肃的牲畜超载率分别为 38%、23%、33%、25%、37%、36%。全国 264 个牧区、半牧区县（旗）天然草原的牲畜超载率为 44%，其中，牧区牲畜超载率为 42%；半牧区牲畜超载率为 47%"〔2〕。2011 年，"全国重点天然草原的牲畜超载率为 28%，较上年下降了 2 个百分点。其中，西藏、内蒙古、新疆、青海、四川、甘肃的牲畜超载率分别为 32%、18%、30%、25%、37%、34%。全国 268 个牧区半牧区县（旗、市）天然草原的牲畜超载率为 42%，其中牧区县牲畜超载率为 39%，半牧区县牲畜超载率为 46%"〔3〕。2012 年，"全国重点天然草原的牲畜超载率为 23%，较上年下降了 5 个百分点。其中，西藏、内蒙古、新疆、青海、四川、甘肃的牲畜超载率分别为 29%、12%、24%、16%、29%、27%。全国 268 个牧区半牧区县（旗、市）天然草原的牲畜超载率为 34.8%，较上年下降 7.2 个百分点，其中牧区县牲畜超载率为

〔1〕《2009 年全国草原监测报告》。
〔2〕《2010 年全国草原监测报告》。
〔3〕《2011 年全国草原监测报告》。

34.5%，半牧区县牲畜超载率为36.2%”[1]。2013年，“全国重点天然草原的平均牲畜超载率为16.8%，较上年下降了6.2个百分点，自2005年农业部开展全国草原监测工作以来首次降到20%以下。其中，西藏、内蒙古、新疆、青海、四川、甘肃的平均牲畜超载率分别为22%、8%、19%、14%、19%和19%。全国268个牧区半牧区县（旗、市）天然草原的平均牲畜超载率为21.3%，较上年下降13.5个百分点，其中牧区县平均牲畜超载率为22.5%，半牧区县平均牲畜超载率为17.5%”[2]。其次，其作为一项维持草原生态保护可持续的措施，草原退化、沙化、盐碱化、石漠化尚未得到有效控制。“目前，全国中度和重度退化草原面积仍占1/3以上，已恢复的草原生态仍很脆弱，全面恢复草原生态的任务仍然十分艰巨。随着工业化、城镇化的发展，草原资源和环境承受的压力越来越大，实现草原牧区经济发展与生态改善相协调，还需要加倍努力。在一些地区，过度强调草原开发利用，忽视对草原的保护建设，垦草种粮、非法采矿、挖沙采石、滥采乱挖草原野生植物资源等破坏草原现象依然严重。”[3]2014年，监测显示这一年“全国草原综合植被覆盖度为53.6%，较2011年增加2.6个百分点……（这一年）全国重点天然草原的平均牲畜超载率为15.2%，较9年前下降约19个百分点”[4]。2015年，“全国重点天然草原的平均牲畜超载率为13.5%，较上年下降了1.7个百分点，较10年前下降了20.5个百分点，较‘十二五’初期的2011年下降了14.5个百分点。其中，西藏平均牲畜超载率为19%，内蒙古平

---

[1]《2012年全国草原监测报告》。
[2]《2013年全国草原监测报告》。
[3]《2013年全国草原监测报告》。
[4]《2014年全国草原监测报告》。

均牲畜超载率为10%，新疆平均牲畜超载率为16%，青海平均牲畜超载率为13%，四川平均牲畜超载率为13.5%，甘肃平均牲畜超载率为16%"[1]。2016年，"全国重点天然草原的平均牲畜超载率为12.4%，全国268个牧区半牧区县（旗、市）天然草原的平均牲畜超载率为15.5%，分别较上年下降了1.1个百分点和1.5个百分点"[2]。

第二节　污染物排放总量控制制度实施的结果

在我国，污染物排放总量控制是重点或主要污染物排放总量控制，具体包括水污染物排放总量控制制度、主要大气污染物的排放总量以及重点海域排污总量控制制度。从"九五"规划开始，"十五""十一五""十二五""十三五"规划分别规定了每"五年"我国污染物排放总量控制目标，在一定程度上取得了一定的实施成果。但总体来说，当此制度真正地被运用到污染防治的实践中，其并没有真的产生应有的效果，环境质量未得到很有效的改善，环境问题依旧不断增加，环境污染事件仍是频发。

"九五"期间（1996年~2000年），全国主要污染物排放总量控制计划虽然基本完成，但"环境形势仍然相当严峻。全国污染物排放总量还很大，污染程度仍处在相当高的水平，一些地区的环境质量仍在恶化"[3]。"主要污染物排放总量仍处于较高水平。2000年，全国二氧化硫排放量1995万吨，化学需氧量排放量1445万吨，远远高于环境承载能力。常规污染物排放

[1]《2015年全国草原监测报告》。

[2]《2016年全国草原监测报告》。

[3]《国家环境保护"十五"规划》。

总量削减的任务还未完成。”[1]

“十五”期间（2001 年~2005 年），“部分主要污染物排放总量有所减少，环境污染和生态破坏加剧的趋势减缓，部分地区和城市环境质量有所改善”[2]。但“环境形势依然严峻。‘十五’环境保护计划指标没有全部实现，二氧化硫排放量比 2000 年增加了 27.8%，化学需氧量仅减少 2.1%，未完成削减 10%的控制目标。淮河、海河、辽河、太湖、巢湖、滇池等重点流域和区域的治理任务只完成了计划目标的 60%左右。主要污染物排放量远远超过环境容量，环境污染严重”[3]。“近岸海域环境质量不容乐观；46%的设区城市空气质量达不到二级标准，一些大中城市灰霾天数有所增加，酸雨污染程度没有减轻。”[4]

“十一五”期间（2006 年~2010 年），“国家将主要污染物排放总量显著减少作为经济社会发展的约束性指标，着力解决突出环境问题，在认识、政策、体制和能力等方面取得重要进展。化学需氧量、二氧化硫排放总量比 2005 年分别下降 12.45%、14.29%，超额完成减排任务”[5]。但“当前，我国环境状况总体恶化的趋势尚未得到根本遏制，环境矛盾凸显，压力继续加大。一些重点流域、海域水污染严重，部分区域和城市大气灰霾现象突出，许多地区主要污染物排放量超过环境容量”[6]。“2010 年国家重点控制的两类重点污染物质和烟粉尘排放量都远超出环境承载能力。国家重点管控的 13 个重点区

---

〔1〕《国家环境保护“十五”规划》。
〔2〕《国家环境保护“十一五”规划》。
〔3〕《国家环境保护“十一五”规划》。
〔4〕《国家环境保护“十一五”规划》。
〔5〕《国家环境保护“十二五”规划》。
〔6〕《国家环境保护“十二五”规划》。

域的大气环境问题更加突出，也远远超过环境承载能力。”〔1〕

“十二五”期间，根据2011年至2014年国家环境保护部发布的《全国环境统计公报》数据显示，在这4年间，污染物排放总量控制取得了一定的成效。具体而言，《全国环境统计公报》（2011年）指出：“与2010年相比，化学需氧量排放量下降2.04%，氨氮排放量下降1.55%，二氧化硫排放量下降2.20%，氮氧化物由于增量大、减排工程多处于启动建设阶段、完成项目少、效益尚未显现，排放量比2010年上升5.74%。”〔2〕《全国环境统计公报》（2012年）指出：“与2011年相比，化学需氧量（COD）排放量下降3.05%，氨氮排放量下降2.62%，二氧化硫（SO_2）排放量下降4.52%，氮氧化物（NOx）排放量下降2.77%。”〔3〕《全国环境统计公报》（2013年）指出：“与2012年相比，化学需氧量排放量下降2.93%，氨氮排放量下降3.12%，二氧化硫排放量下降3.48%，氮氧化物排放量下降4.72%。”〔4〕《全国环境统计公报》（2014年）指出：“与2013年相比，化学需氧量排放量下降2.47%，氨氮排放量下降2.90%，二氧化硫排放量下降3.40%，氮氧化物排放量下降6.71%。主要污染物总量减排年度任务顺利完成。”〔5〕

从上述“九五”至“十二五”的实施结果来看，除“十五”期间环境保护计划指标没有全部实现，“九五”期间全国主要污染物排放总量控制计划基本完成，“十一五”期间超额完成减排任务。但我国依旧面临严重的环境污染问题，如水污染、

〔1〕《重点区域大气污染防治“十二五”规划》。
〔2〕《全国环境统计公报》（2011年）。
〔3〕《全国环境统计公报》（2012年）。
〔4〕《全国环境统计公报》（2013年）。
〔5〕《全国环境统计公报》（2014年）。

大气污染、土壤污染等。可以说，污染物排放总量控制制度的执行结果并不理想，作为实现污染控制目标的重要制度前提，其并没有真正的发挥实效。

第四章

中国总量控制制度实践不足的原因分析

总量控制制度的实施是根据资源的承载力和环境容量，确定一个人们可以开发资源、可以排放污染物的数值，并通过分配，让人们在这个极限数值内进行各种环境行为，其目的是将人们的索取和投放行为严格限制在资源承载力和环境容量的极限范围内。但现在，总量控制制度实施的不尽如人意，原因就在于没有科学的总量确定机制、没有科学的分配机制、监管机制不健全、责任追究机制更不完善等因素制约。

第一节　资源利用总量控制制度实施不足的原因分析

资源利用总量控制制度在实施过程中存在诸多的问题，产生这些问题的原因包括没有资源状况的科学评估及资源可利用量的科学确定、没有资源利用总量的分配机制、偏离资源利用总量控制制度实施的初衷、没有健全的总量控制制度的监督管理机制、没有具体的责任追究机制等等。

一、没有资源状况的科学评估及资源可利用量的科学确定

对自然资源的科学评估，进而制定资源可利用总量是实施

资源利用总量控制制度的前提，但我国的资源调查、资源统计、资源评估难以提供准确可靠的资源可利用总量。如（1）森林采伐限额是编限单位按照木材的采伐量不能超过木材的生长量的原则和规定方法编制，并按照一定程序申报，经国务院批准的年度允许采伐森林、林木蓄积的最大限量。按照这种方式编写的采伐限额不是以森林资源的承载力为基础，而是一项法定指标和指令性计划。而且法律规定“森林经营方案的规划期一般为10年”〔1〕、“年森林采伐限额每5年核定一次”〔2〕、“年度木材生产计划是每年制定一次”〔3〕。这三种不同的时间周期的确定没有与森林资源的承载力挂钩，也是一种计划性规定。再者，森林采伐限额不仅包括森林采伐等人为活动的消耗。还要包括自然灾害的消耗、林木本身的消耗，只有用采伐限额控制各种消耗量，使总消耗量不大于生长量才能保证森林资源永续不断增长。〔4〕但目前我国还只重视人为活动的消耗。（2）用水总量控制的确定，首先要确定水资源总开发量、其次确定水资源可利用总量。但现在无论是水资源总开发量，还是可利用总量的确定都不是以水资源的承载力为基础，而只是通过综合分析和公式计算得出。而且，我们面临的一个关键问题是目前水资源利用总量已超过水资源的承载力且在继续利用。（3）我国实行的建设用地总量控制制度实际上是“建设用地增量控制制度”〔5〕。一直以来，其控制的是建设用地增长的数量，还不是

〔1〕《森林经营方案编制与实施纲要》第3条。

〔2〕《森林法实施条例》第28条。

〔3〕《森林法实施条例》第28条。

〔4〕侯瑞义：“关于制定和实施年森林采伐限额问题的几点浅见”，载《林业勘查设计》1986年第4期。

〔5〕郑太福、唐双娥：“应对气候变化的建设用地总量控制制度之完善”，载《求索》2012年第7期。

在一个总的数量之内。真正有效的建设用地总量控制制度控制的不仅是建设用地增长的数量，还有以土地资源的承载力为基础设定的建设用地总量，即既要控制增量也要控制总量，我国的建设用地管理应该“从以增量管控为主转向以总量管控为主”〔1〕。(4) 由于无法全面、准确地掌握我国管辖海域、淡水渔业资源的真实状况，所以无法对现有的渔业资源进行评估，进而也难以确定渔业的总可捕量。(5) 难以确定合理的产草量和载畜量。由于“初级生产力的空间异质性、产草量的年际波动性”〔2〕、季节性差异等原因，难以正确测定产草量。其次，受自然因素的影响，难以确定草地的合理利用率〔3〕，再加上“人工种植和购入的饲草料”〔4〕等外在影响，“不同牲畜对于饲草的差异化的需求影响”〔5〕，所以也难以确定合理的载畜量。草蓄平衡制度中两项重要的数值难以确定，必定会影响其实施效果。

二、没有资源利用总量的分配机制

在科学确定了资源的可利用总量之后，要按照科学的原则和程序进行总量的分配。但这却是总量控制制度实施的薄弱环节。如 (1) 森林采伐限额的指标分配不科学。现采用的采伐限额指标分配是国务院确定一个全国统一采伐限额方案，然后由

---

〔1〕 刘琼等：“建设用地总量的区域差别化配置研究———以江苏省为例”，载《中国人口·资源与环境》2013 年第 12 期。

〔2〕 李艳波、李文军：“草畜平衡制度为何难以实现‘草畜平衡’”，载《中国农业大学学报（社会科学版）》2012 年第 1 期。

〔3〕 李艳波、李文军：“草畜平衡制度为何难以实现‘草畜平衡’”，载《中国农业大学学报（社会科学版）》2012 年第 1 期。

〔4〕 李艳波、李文军：“草畜平衡制度为何难以实现‘草畜平衡’”，载《中国农业大学学报（社会科学版）》2012 年第 1 期。

〔5〕 李艳波、李文军：“草畜平衡制度为何难以实现‘草畜平衡’”，载《中国农业大学学报（社会科学版）》2012 年第 1 期。

各省林业厅局将限额分解下放给省内各地区，即层层分解模式。这一分解模式没有考虑各地森林资源的实际承载力情况，而且分解到各省区内的限额指标也没有很好地进行初始分配。（2）没有具体的用水总量分配方案或设定取用水总量控制指标。1988 年《水法》第 31 条规定了水量分配应考虑的因素、跨行政区域的水量分配方案的制订主体。2002 年颁布实施的新《水法》规定了跨省、自治区、直辖市的水量分配方案和其他跨行政区域的水量分配方案制订主体。还规定要“以流域为单元制定水量分配方案”。“国家确定的重要江河、湖泊的年度水量分配方案，应当纳入国家的国民经济和社会发展年度计划。”“县级以上地方人民政府水行政主管部门或者流域管理机构应制定年度水量分配方案。”2008 年实施的《水量分配暂行办法》规定了跨省、自治区、直辖市和省、自治区、直辖市以下其他跨行政区域的水量分配办法；规定了水资源可利用总量或者可分配的水量两种分配对象；对尚未制定水资源综合规划的，规定可以在进行水资源及其开发利用的调查评价、供需水预测和供需平衡的基础上，进行水量分配试点工作；还规定在制订水量分配方案可预留一定水量份额。现在黄河、漳河、黑河、淮河、海河等制定了水量分配方案，但依旧存在问题，还有许多的江河没有分配方案。“2005 年江西省启动全省各流域初始水量分配”〔1〕，“2008 年 12 月，江西全省主要江河水量分配工作全部完成”〔2〕，其“是全国第一个完成省内主要江河初始水量分配”〔3〕的省

〔1〕 杨永生、许新发、李荣昉：《鄱阳湖流域水量分配与水权制度建设研究》，中国水利水电出版社 2011 年版，第 187 页。

〔2〕 杨永生、许新发、李荣昉：《鄱阳湖流域水量分配与水权制度建设研究》，中国水利水电出版社 2011 年版，第 189 页。

〔3〕 杨永生、许新发、李荣昉：《鄱阳湖流域水量分配与水权制度建设研究》，中国水利水电出版社 2011 年版，第 187 页。

份，但还有许多其它省份内的主要江河流域没有制订水量分配方案，许多跨省江河流域也没有水量分配方案。（3）当前的建设用地指标配置方式不利于科学发展。“我国建设用地供给主要是通过新增建设用地指标来进行调控”[1]，我国对新增建设用地指标的管理实行“总量控制、统一分配、层层分解、指令性管理”体制。在这种指令性配额管理体制中，没有考虑各地的实际情况，而且在分配过程中“各地的耕地保有量没有成为指标分解分配的依据，这种做法固化并加剧了保有保护耕地与农地非农化开发的利益矛盾”[2]。全国土地利用总体规划纲要（2006年~2020年）结合《国民经济和社会发展第十一个五年计划》规定的主体功能区分别对重点开发区、优化开发区、限制开发区和禁止开发区提出了差别化的土地利用策略。对此，我们“必须创新思路，一方面可实行总量控制方式调控建设用地供给，另一方面差别化调控建设用地在不同区域的配置”[3]。（4）渔业捕捞配额的分配不科学。《渔业法》规定了“基于产出”的配额“逐级下达”，捕捞限额总量的分配遵循公平、公正的原则，必须向社会公开分配办法和分配结果并接受监督。但这种原则性规定不足以解决配额分配过程中出现的问题，而且这种分配没有考虑各个海域、淡水水域的实际渔业承载力，且各行政区内的分配也不科学。

---

〔1〕 李鑫、欧名豪：“建设用地供给创新：总量控制+差别化调控”，载《中国土地》2011年第8期。

〔2〕 靳相木、沈子龙：“新增建设用地管理的‘配额-交易’模型——与排污权交易制度的对比研究”，载《中国人口·资源与环境》2010年第7期。

〔3〕 李鑫、欧名豪：“建设用地供给创新：总量控制+差别化调控”，载《中国土地》2011年第8期。

三、偏离资源利用总量控制制度实施的初衷

资源利用总量控制制度的实施不仅仅是控制住资源利用的总量，而且在总量限制的前提下，寻求更可持续利用资源的方式，而不只是为了盲目控制总量，产生其他资源、环境问题。如（1）在耕地总量动态平衡制度的实施过程中，由于太过于注重耕地总量的动态平衡，导致了占补得来的耕地“存在质量不平衡、占优补劣的缺陷”〔1〕。大多农转非减少的是优质的耕地，补充得到的新增耕地主要来源于“未利用土地的开发利用、农村居民点整理、耕地整理以及废弃地复垦利用”。〔2〕而且“由于当前我国尚未建立科学、系统的耕地质量评估体系，对占补的耕地质量未进行科学的评估”〔3〕，以致耕地的数量虽然被控制在一定范围内，但难以保证新增耕地的质量，整体的耕地的质量下降。而且，耕地总量动态平衡制度的实施“存在着以牺牲生态环境为代价的缺陷”〔4〕。“在开发复垦后备耕地资源中，为片面追求数量平衡，有些地区通过围湖造田、毁林造田、侵占河床等方式增加耕地，这种以牺牲生态环境为代价向山区林地、滩涂湿地要地的做法，不仅严重破坏了生态系统结构和功能，造成水土流失、土壤沙化、洪涝灾害频发，而且还会使新增耕地本身受自然灾害威胁的可能性也大大增加。同时，以这些方式开发的耕地在若干年后又将成为退耕对象，与占补平衡为了实现耕地可持续利用的初衷大相径庭，造成了投资的极大

---

〔1〕张耀华：“现行耕地保护法律制度研究”，载《人民论坛》2013年第26期。

〔2〕王公芹：“耕地总量动态平衡探索——以山东省平邑县为例”，载《山东国土资源》2011年第8期。

〔3〕张耀华：“现行耕地保护法律制度研究”，载《人民论坛》2013年第26期。

〔4〕张耀华：“现行耕地保护法律制度研究”，载《人民论坛》2013年第26期。

浪费。"[1](2) 建设用地总量控制制度实施的目的是为了严禁农用地尤其是耕地转为建设用地，但长期以此为目的，忽视了其他土地类型的保护，每年都有许多的林地、草地、湿地等转为建设用地，这严重损害了生态系统。真正有效的建设用地总量控制制度控制的不仅是严禁占用农田，也要严禁占用林地、草地、湿地等，使此制度从保护耕地为目的向保护生态这一更高的理念转变。其次，我国的建设用地供应大多是占用耕地、林地、草地、湿地等以及土地征收，但限于我国土地资源的有限性，建设用地的来源更应依靠土地集约、节约或土地整理。(3) 草蓄平衡制度的实施目的单一。目前所执行的草畜平衡制度实际上是一种"草地面积与家畜的平衡"[2]，其目的是控制"载畜量"。但草蓄平衡制度的实施不应只考虑控制"载畜量"问题，还应该考虑草原生态系统的完整性和可持续，解决日益严重的草原退化、沙化、盐碱化、石漠化等环境退化问题。

四、没有健全的总量控制制度的监督管理机制

总量控制制度的有效实施不仅需要确定科学的资源利用总量，总量分配机制，更需要健全的监督管理机制，但这也恰恰是我国目前欠缺的一个制约因素。如 (1) 森林采伐限额的监管机制不健全。国家林业局下发的《关于改革和完善集体林采伐管理的意见》中提出林业行政部门要"简化森林采伐管理环节"，由"伐前拨交、伐中检查、伐后验收"的全过程管理，改为"森林经营者伐前、伐中和伐后自主管理，林业主管部门提

〔1〕 王公芹："耕地总量动态平衡探索——以山东省平邑县为例"，载《山东国土资源》2011 年第 8 期。

〔2〕 李青丰："对目前草畜平衡管理的商榷及思变"，载《国畜牧报》2004 年 11 月 14 日。

供指导服务和监督管理”。这一监管方式的改革，虽然可以加强农民经营自主权，化解林业基层工作人员的责任风险。但也会造成监管者监管不力、不作为、采伐者放松警惕现象，出现更多的超采、无证采伐的行为。（2）没有用水总量控制制度的监督实施机制。用水总量控制制度的有效实施需要健全的监管实施机制。现在水资源管理方面已经采用并实施了取水许可制度，但因缺乏有效的监督，以及取水许可制度本身存在的缺陷，致使无证、超许可用水的现象层出不穷，而且没有监测是否超出取水许可证的具体办法。（3）建设用地总量控制制度的监管实施机制不健全，超指标新增建设用地的情况现象严重。建设用地总量控制制度的有效实施需要完备的监管实施机制，但这却是我国目前面临的一个薄弱环节，监管并不到位，而且只有到已经占用了新的耕地，或者超指标了才会采取责任追究。并且，法律规定的超指标新增建设用地的处罚不足以对违法者产生足够的威慑效力，以致建设用地的总量出现失控，不断增加。2012年《中国国土资源公报》表8-1显示，2008年至2012年查处的违法用地案件数量虽然有所降低，但违法案件数量依旧很高，涉及的耕地面积依旧很多。（4）耕地总量动态平衡制度的监管实施机制不健全。耕地总量动态平衡制度的有效运行需要健全的监管实施机制，但这却是此制度在实施过程中的一个薄弱环节，正是因为缺乏有效的监管，新增的耕地质量不平衡、占优补劣，而且为片面追求占与补的数量平衡，占用具有生态价值、本已脆弱的林地、草地、湿地等。而且，对这些问题的责任追究也不到位，没有形成有效的威慑效力。（5）草蓄平衡制度的监管机制存在缺陷。我国目前实施的是“审批监管”模式，在这样的监管体制下，监测和管理部门的职责不清晰、监管部门的监管力度不够，常局限于检查和督促，与牧民的生产时有冲突，难以建立一种牧民自我约束和监管部门调控的平衡机制。[1]而且，在监管过程中，存在权力舞弊、不作为、权力寻租等弊端。

五、没有具体的责任追究机制

我国现有的法律、法规虽然规定了违背资源总量控制制度的法律责任，但这些已有的法律责任形不成有效实施的责任追究机制，不足以对违法者产生威慑力，影响到资源利用总量控制制度本身的权威性。如（1）森林超限额采伐一直都在、超限额采伐的责任追究机制缺乏。《2006年中国国土绿化状况公报》指出："2006年，超限额采伐、无证采伐树木以及买卖古树名木现象仍然严重。"[2]《2009年中国国土绿化状况公报》指出："违法侵占林地资源现象时有发生，造成林地流失。一些地方乱砍滥伐、乱采滥挖屡禁不止。"[3]《2011年中国国土绿化状况公报》指出："乱砍滥伐、非法侵占林地、绿地、案件居高不下。"[4]《2012年中国国土绿化状况公报》指出："滥挖珍贵树木现象屡禁不止，侵占林地及破坏森林资源各类案件还常有发生。"[5]《2013年中国国土绿化状况公报》指出："森林质量和生产力水平普遍较低，乱挖滥移大树古树现象屡禁不止，侵占林地现象较为严重。"[6]虽然《森林法》《刑法》等法律规定了超限额采伐的法律责任，每年也查处了许多的违法案件，但这些处罚措

〔1〕李青丰："对目前草蓄平衡管理的商榷及思变"，载《中国畜牧报》2004年11月14日。

〔2〕《2006年中国国土绿化状况公报》。

〔3〕《2009年中国国土绿化状况公报》。

〔4〕《2011年中国国土绿化状况公报》。

〔5〕《2012年中国国土绿化状况公报》。

〔6〕《2013年中国国土绿化状况公报》。

施不足以对违法者产生足够的威慑力，超限额采伐现象会一直存在。（2）没有具体的责任追究机制，致使超许可用水也没有具体的处理办法。虽然2010年12月31日发布的《中共中央国务院关于加快水利改革发展的决定》提出了“对取用水总量已达到或超过控制指标的地区，暂停审批建设项目新增用水；对取用水总量接近控制指标的地区，限制审批新增取水”。《太湖流域管理条例》第18条第2款规定：“对取水总量已经达到或者超过取水总量控制指标的，不得批准建设项目新增取水。”2012年1月12日国务院印发的《国务院关于实行最严格水资源管理制度的意见》提出了“对取用水总量已达到或超过控制指标的地区，暂停审批建设项目新增取水；对取用水总量接近控制指标的地区，限制审批建设项目新增取水”。但仅有的这些规定不足以制止无证、超许可证用水的行为，而且暂停审批新增取水、限制审批新增取水等处罚并没有得到有效的落实。（3）渔业限额制度的责任追究机制不健全。《渔业法》等虽然规定了超限额捕鱼、超许可证捕鱼、无证捕鱼的法律责任，但这些已有的法律责任形不成有效实施的责任追究机制，不足以对违法者产生威慑力，影响到渔业捕捞限额制度本身的权威性。（4）破坏草原的责任追究机制不健全。尽管《草原法》和《草畜平衡管理办法》对违反草畜平衡制度、超载放牧行为未作出具体的处罚规定，但一些省（区）在地方性法规中作出了较为具体的处罚规定：如内蒙古、宁夏、青海、甘肃、四川五省（区）均对超载放牧行为作出了具体的处罚规定，青海、甘肃、四川三省（区）还根据超载程度的不同，作出了不同处罚的规定。内蒙古和甘肃还对不签订草畜平衡责任书的行为作出了具体的处罚规定。西藏对违反草畜平衡规定行为仅作出了给予警告和责令限期内出栏超载牲畜的规定，缺少具体的处罚标准。[1]同样，《草原法》虽然明确规定实行禁牧休牧制度，但对违反禁牧休牧规定的行为，没有作出具体的处罚规定。青海、四川、西藏三省区的地方性法规虽然对实行禁牧、休牧制度有明确规定，但同样没有作出相对应的处罚规定，在查处违反禁牧休牧制度的行为时，缺乏充分的法律依据。内蒙古、甘肃和宁夏三省区的地方性法规不仅明确规定了实行禁牧休牧制度，也规定了具体的处罚措施，可操作性较强。[2]但每年发生的草原违法案件数量依旧很高，虽然2010年"违反禁牧休牧规定案件和草畜平衡规定案件数量大幅下降"[3]、"2011年草原违法案件数量和破坏草原面积呈现双下降的特点"[4]，但"2012年草原违法案件总数有所上升……其中违反禁牧休牧规定案件和草畜平衡规定案件数量上升，分别增加了15.4%和68%"[5]，2013年草原违法案件总数又有所上升，"其中违反禁牧休牧规定案件较上年小幅上升，增加了2.4%；违反草畜平衡规定案件数量下降"[6]。

第二节　污染物排放总量控制制度实施不足的原因分析

作为肩负实现污染防治目标使命的污染物排放总量控制制

〔1〕 农业部草原监理中心："完善法律法规严格禁牧休牧和草畜平衡制度确保草原生态保护补助奖励政策实施效果"，载 http://www.grassland.gov.cn/Grassland-new/Item/2873.aspx，访问时间：2016年1月17日。

〔2〕 农业部草原监理中心："完善法律法规严格禁牧休牧和草畜平衡制度确保草原生态保护补助奖励政策实施效果"，载 http://www.grassland.gov.cn/Grassland-new/Item/2873.aspx 访问时间：2016年1月17日。

〔3〕《2010年全国草原监测报告》。

〔4〕《2011年全国草原监测报告》。

〔5〕《2012年全国草原监测报告》。

〔6〕《2013年全国草原监测报告》。

度应以环境容量为基础，严格控制住排污总量，以流域、海域、区域为一个完整的系统，拥有一系列用来解决如何测算纳污总量、以什么为基准测算、排放量如何统计、排放量如何初始分配、怎样有效地对污染物排放进行监管，以及超量排放的责任者应承担怎样的责任等问题的具体制度措施办法。但无论是法律效力层次较高的法律法规，如《水污染防治法》《大气污染防治法》《海洋环境保护法》等，还是每五年规划期内国家相继公布的相关方针政策，如《“九五”期间全国主要污染物排放总量控制计划》《国家环境保护“十五”计划》《“十一五”期间全国主要污染物排放总量控制计划》《“十二五”主要污染物总量控制工作管理办法（试行）》《“十二五”主要污染物总量控制规划编制技术指南》等都没有详尽的污染物排放总量控制制度具体可执行的办法。可以说，实践中的污染物排放总量控制制度并不成熟，还只是停留在宣言、愿望层面，其并没有真正的形成制度，缺乏一系列保障其有效运行的具体制度措施办法。

一、没有确定污染物排放总量的具体办法

在我国，污染物排放总量控制制度中的总量并不是环境容量而是目标总量，因为我国目前采用的是污染物排放目标总量控制制度，此制度不是将污染物排放总量限制在流域、海域、区域内一定环境容量极限允许的范围内，而“只是将污染物排放总量控制在规划期环境目标允许的范围内”〔1〕。如“九五”期间，确定全国主要污染物排放总量控制计划的做法是在各省、自治区、直辖市申报的基础上，核实省级1995年排放量基数，经全国综合平衡，编制全国污染物排放总量控制计划；“十五”

---

〔1〕 海热提编著：《环境规划与管理》，中国环境科学出版社2007年版，第408页。

期间，规定的具体总量控制目标是到2005年五种主要污染物排放量比2000年减少10%。两控区内的二氧化硫排放量比2000年减少20%等；“十一五”期间，国家对主要污染物实行排放总量控制计划管理，排放基数按2005年环境统计结果确定，确保到2010年二氧化硫、化学需氧量比2005年削减10%；“十二五”期间，排放基数按2010年的排放量确定，同时测算“十二五”新增排放量，在分析减排途径和减排潜力的基础上，要求在消化增量的基础上化学需氧量、二氧化硫排放分别减少8%，氨氮、氮氧化物排放分别减少10%。

虽然五年规划期内，有一个确定的总量削减数值目标，但此数值的确定缺乏科学性，其并没有考虑“污染物排放到环境中的累积效应，也未考虑环境承受污染物的自然承载能力”[1]，更没有与环境质量直接挂钩。最重要的事实是我国污染物排放总量已明显超过环境容量的极限。污染物排放总量控制制度中的纳污总量的确定是后续开展的排放量分配制度、排放权交易制度的前提，它们的有效运行应在某一流域、海域、区域内的环境容量极限范围内，如果不是或者超出这个极限，污染物排放总量控制制度难以行之有效化，只是形式化而已。可以说，总量的确定直接关系到相应环境质量的改善、可持续发展，关系到环境治理的效果，但此数值的确定却没有具体的可操作性规程予以保障，现行的《水污染防治法》《大气污染防治法》《海洋环境保护法》《太湖流域管理条例》没有规定怎么确定排污总量的具体条款，而且导致水污染、大气污染、海域污染的污染物自身的特性是不同的，且因地形、季节性等因素的不同，需要不同的且灵活性的纳污总量测算的具体办法。此外，这一

〔1〕 黄秀清等：《乐清湾海洋环境容量及污染物总量控制研究》，海洋出版社2011年版，第416页。

模式下的污染物排放总量控制的对象、适用范围有限，其并不是对所有可能造成环境污染的污染物质进行总量控制，也不是对所有的流域、海域、区域进行总量控制，而是根据一定的原则对优选确定的主要污染物和重点流域、海域、区域排放总量进行控制。

二、没有排放总量统计的具体办法

对排放量进行统计是各环境管理机构和环境保护主管部门把握各流域、海域、区域整体污染现状、制定污染物总量减排目标任务、核定各排污单位减排量、确定下一时段周期纳污总量的前提。环境保护部虽先后制定了《环境统计管理办法》《环境统计数据审核办法》《环境统计数据使用管理暂行办法》等法律文件，但《环境保护法》中还没有明确的排放量统计的相关规定，无《环境统计管理办法》的实施细则，此外，还有待制定和发布实施数据质量保障制度、环境统计考核办法等。现阶段，排放量统计制度存在以下实施困境。虽然环境统计的范围由以往的工业源、生活源为主，扩展到工业、农业、生活、交通和环境管理等各个领域，但依旧对日益严重的生活污染、农业面源污染重视不够，约束力较小。在工业污染控制中，仅对占85%的重点调查单位的污染物排放量进行调查，对剩余的15%采用排放系数法或比例估算法进行整体估算。而且目前国控重点监控企业基本上都安装了自动在线监测系统，但并没有全面覆盖其他中小企业。作为污染物排放总量核算方法之一的监测数据法存在诸多的弊端。其他的环境统计技术方法也没有及时做出相应调整。此外，环境统计人员队伍不强大，基层统计工作缺乏监督，统计人员调换频繁。统计数据不透明，没有实现上下联动、数据共享的工作机制。环境统计工作的考核执法工作缺乏，没有对企业拒报、瞒报、漏报、错报数据情况的监督、考核和追究机制，没有上级对下级统计工作的考核。上述这些缺陷的存在致使环境保护主管部门无法获得污染物治理和排放全面而准确的信息，因而也就不能明确某一流域、海域、区域的排污总量数值。

三、没有排放量初始分配的具体办法

无论是在水污染防治、大气污染防治中，还是在海洋环境保护中，污染物排放总量的初始分配采用的是在全国性的总量控制目标确定后自上而下层层分解的模式，其不仅没有考虑到各地的实际污染情况，而且在各排污单位之间也难以进行有效合理的排放量初始分配，因此，这样的总量控制模式必定难以满足环境质量目标实现的要求。《水污染防治法》《大气污染防治法》《海洋环境保护法》在总量目标确定和分解方面规定的是全国性的水污染物排放总量控制目标确定后再层层分解的模式，缺少关于治理控制指标的核定、排污单位的范围与资格等的规定。而且上述三部法律都规定总量分解的具体办法和实施步骤由国务院规定，但国务院却一直未出台详细具体的排放量初始分配的办法。

四、没有监测是否超出排污许可证的具体办法

排污许可证的设立有利于环境保护主管部门及时知道排污单位的排污情况，并以此进行监督管理。其虽已实施多年，但有关行政方面的相关规定过于简单，缺乏具体的执行措施。如在水污染防治方面，《水污染物排放许可证管理暂行办法》对水排污许可证制度的规定不够细致。2007 年，此暂行办法被废止后一直未出台新的法律文件。2000 年公布实施的《水污染防治

法实施细则》第10条虽然规定了水污染物排放许可证制度，但此规定还是不够明确，缺乏如何具体实施的相关程序性规定，仅授权国务院做出规定。2008年，国务院虽发布了《排污许可证管理条例（征求意见稿）》，但未正式实施。修订后的《水污染防治法》虽明确规定了排污许可证的法律地位，但缺乏实施细则。在大气污染防治方面，《大气污染防治法》对有关大气排污许可证规定也不明确，只有几条原则性的条款。整体来看，现行的排污许可证制度过于简单，仅停留在注册证制度上，而且只是作为点源排放控制的手段，对非点源、移动源污染物的排放没有发挥作用的空间，其在污染物排放总量控制中的作用未充分体现出来。如现环境保护主管部门在确定具体地区各排污单位总的污染物排放量时，并没有按各地区环境容量所能承受的污染物总量进行排放量初始分配。排污单位在获得一定份额的排污量后，有的排污单位不安装监测装置、拒绝或谎报污染物排放登记、拒绝环保部门检查或弄虚作假、没有排污许可证偷排或超过排污许可证规定的排污份额进行超量排污。此外，由于监测技术及方法落后、设备使用率不高、环境监测网络化淡化、监测范围窄、监测能力和手段有限等因素的制约，致使管理部门未严格按排污许可证上规定的排污量来约束排污单位的排污行为，也没有监测是否超出排污许可证的办法。此外，现有的环境排放标准也不适应现阶段环境质量的要求。所以用不符合现阶段要求的监测技术手段、环境标准等对污染物排量总量控制制度进行监督管理必然得不到应有的效果，会纵容排污单位的任意超量排污行为。

五、没有建立排放监督管理制度

为使污染物排放总量控制制度得以有效开展，应具有各流域、海域、区域内的环境管理机构和各具体地区的地方政府、环境保护主管部门、公众对排污单位的排污情况进行监督管理的制度措施，但我国未建立此制度，难以全面地对排污单位的污染物排放情况进行监督检查，致使有的排污单位超过了排放许可量也不会遭到惩罚。具体而言，现在的排放监管制度存在以下困境。由于我国现采用的是目标总量控制制度，"在计划实施的中期并没有监督机制。而且仅仅关注五年计划实施完毕当年的污染物排放总量"，[1]对之前年份的污染物排放总量的监督处于缺位状态。还由于我国目前主要实行的是各自行政区划范围的总量控制，导致各自区划内的环境主管部门只关注各自管辖范围内的污染排放，对于跨区域污染物质则负责不了，也管不了，致使缺乏从一个环境单位的整体角度来统一监管整个环境单位内的各种污染物排放量。此外，政府不作为、政府决策失误、政府干预环境保护主管部门的工作等会严重影响排放监督管理工作的顺利开展，而且更会忽视污染物排放量已超出环境容量的事实，为了财政创收、地方经济发展，会对那些纳税大户、"GDP" 贡献大户的排污监管不到位，甚至纵容其超量排污。在一定程度上可以说，部分政府充任了污染企业的"保护伞"，企业的违法成本会很低，其危害环境的行为自然也不会得到及时、有效的制止。更进一步是现阶段缺乏有效的公众参与监督机制。现行的环境法中虽然有一些公众参与的规定，然而这些规定过于原则和抽象，公众参与的形式、途径和程序缺乏具体而明确的规定。公民及其团体等在法律上的地位不明确，可以说无法律地位，而且公众参与的范围较窄，参与的形式单一，更缺乏鼓励公众全过程参与的激励性规定，使得在具体实

〔1〕 陈羿汀："我国污染物总量控制制度的缺陷与完善——以太湖水污染为例"，载《天水行政学院学报》2008 年第 3 期。

践过程中公众的参与程度较低，而且基本是事后参与。即使有些公民具有保护环境的意识也参与到了具体的实际行动中，但大部分公民只是关注与自己切身利益相关的领域，不会把眼光放到整体即全人类的视野中去，且对现在的环境状况并没有一个清晰的认识。现阶段，我国还没有开展通史的环境教育、环境信息公开不全面。

六、超许可排放也没有具体的处理办法

为了确保污染物总量控制制度的严格实施，使超量排污的排污单位的违法行为承担相应的法律责任是非常必要的，但这却是我国污染物排放总量控制制度中的薄弱环节。《水污染防治法》（2008 年）第 74 条规定了排污单位排放水污染物超过水污染物排放标准、超过重点水污染物排放总量控制指标应承担的法律责任。除对违法排污单位施以限期治理处罚外，本条款还“将超标排污的处罚额度与排污企业‘应缴纳排污费’的数额相挂钩，以应缴纳排污费为基数实行倍率式罚款。但由于我国排污收费标准较低，以‘应缴纳排污费’的数额作为罚款基数得出的罚款数额也并不构成对企业的威慑”〔1〕。此外，由于这一条款的规定过于原则化，缺乏具体的、具有可操作性的程序性规定，致使环保部门难以有效地开展执法活动。《大气污染防治法》和《海洋环境保护法》仅对排污单位超过大气污染物排放标准应承担的法律责任做出了规定，而未对“超量”排污做出规定。而且“超标”排污法律责任规定得相对来说比较模糊。《环境信息公开办法（试行）》虽提出了超标、超量排污企业将被强制公开环境信息，但此强制要求并未落实到位。总而言

〔1〕 陈静亚：“超标排放水污染物行为的法律责任研究”，苏州大学 2012 年硕士学位论文。

之，超量排放法律责任制度不健全，而且其责任形式主要依赖行政责任中的行政处罚，但不管是罚款、限期治理，还是区域限批等都存在一定的缺陷。此外，还缺乏民事、刑事方面的法律责任追究机制。最重要的是超量排污单位在承担相应的法律责任之后的污染治理与恢复过程缺乏相应的程序性步骤、公众的民主参与机制、对受损环境本身的追偿、环境公益诉讼以及监督管理等规定，使得污染治理效果大打折扣。

七、基于行政区划的污染物排放总量控制制度的实施存在局限性

在实践中，污染物排放总量控制制度并没有真正地在一个完整的、自然形成的流域、海域或特定区划内实施。因为我国现在采用的是按行政区划设置的行政环境管理模式，此模式下的环境保护主管部门只能对各自行政辖区内的水、大气、海洋污染防治负责，对跨行政区的污染防治没有负责任的条件，也往往负不了责。有的流域、海域、区域往往涉及多个行政区，没有一个能承担全部责任的行政管理机构或部门必将影响到整个环境内污染防治的成效。例如，目前，我国“在各个具体海域的管理上，都是按行政区划设置的陆上行政管理机构向海洋延伸的行政管理，这必将在一个海域形成交叉或分跨几个海域，从而将一些完整的海域人为划分为几个海区，不利于从海域整体出发开展污染防治和生态保护工作，从而影响到整个海域的污染防治效果”[1]。另外，如长江、黄河、淮河等往往涉及多个行政区，基于现行的行政区划的总量控制模式，必将影响整个流域的污染防治成效。再比如，因大气的流动性、工业集聚

〔1〕 于宜法、王殿昌：《中国海洋事业发展政策研究》，中国海洋大学出版社2008年版，第76页。

等造成的多个行政辖区大气污染问题，单靠一个行政辖区是难以有效地治理大气污染问题的。

上述这七个方面的缺失致使污染物排放总量控制制度难以行之有效化，为使此制度实现污染控制的目标，必须采用基于环境单位的污染物排放总量控制制度模式，拥有执行纳污总量测算、排放量初始分配、排污配额交易、排放监管、超量排放责任等方面的具体制度措施办法，进而保障其行之有效化。

第五章

完善总量控制制度的解决对策

——以污染物排放总量控制制度的完善为视角

理论上，污染物排放总量控制制度在实现污染控制目标、改善环境质量方面是必然有效的。但实践中，其并没有得到有效的实施，究其原因在于污染物排放总量控制制度还未真正形成制度，缺乏一系列保障其有效运行的具体制度措施办法：（1）没有确定污染物排放总量的具体办法；（2）没有排放总量统计的具体办法；（3）没有排放量初始分配的具体办法；（4）没有建立排放监督管理制度；（5）超量排污没有具体的处理办法；（6）基于行政区划的污染物排放总量控制制度的实施存在局限性。为实现污染控制目标、有效改善环境质量，必须在以环境容量为基础的污染物排放总量控制制度中构建若干具体的制度。作为制度组合的污染物排放总量控制制度至少应包括纳污总量测算制度、排放量统计制度、排放量初始分配制度、排污权交易制度、排放监管制度、超量排放责任制度。此外，还应制定一些保障污染物排放总量控制制度落实的保障措施。

第一节　污染物排放总量控制制度有无存在的必要性

污染物排放总量控制制度是在借鉴了美国、日本的经验之后在我国进行应用的，从理论上来说，污染物排放总量控制制度的设计思想是以某一环境单位或环境空间的环境容量为基础，确定环境总量中可以利用的那部分纳污能力即允许纳污量，然后再转化为污染物允许排放量，即“环境容量→纳污能力→允许纳污量→允许排放量”。为保证某一环境单位或环境空间的环境质量，要求各排污主体总的允许排放量要小于允许纳污量，不得超出此环境单位或环境空间的纳污能力，也即不超出环境容量，即“允许排放量<允许纳污量<纳污能力<环境容量”。从理论上说，污染物排放总量控制活动在严格控制住污染物排放总量的前提下有效地开展下来，污染物排放总量控制制度是必然有效的，污染控制的目标定会实现，环境质量也会得到改善。

但如前所述，每“五年”规划内污染物排放总量控制制度的执行结果并不理想，我国到底可以容纳多少污染物难以确定，而且，我国污染物排放的总量已超出环境容量，与环境质量不挂钩，难以控制继续超量排放的趋势，以至于我国现在开始弱化、淡化甚至否定此制度。学者们也普遍注意到了污染物排放总量控制制度在实施过程中存在的问题。如李兴锋提出我国有关总量控制的立法存在法律规范体系不健全、法律规范内容不完善、立法理念滞后等缺陷。〔1〕闫海超指出污染物排放总量控制制度的实施缺乏专门立法、现行的规范性文件原则规定多，实施细则少、配套制度不衔接、部门配合不够、监督和责任机

〔1〕 李兴锋：“总量控制需要专项立法”，载《环境经济》2015年第2期。

制不健全等。[1]王金南等认为污染物排放总量控制制度现存在“污染总量减排与环境质量改善不对应、环境管理制度难以适应污染总量控制要求等问题”[2]。吴舜泽等指出：“国家在制定总量控制目标时，将总量减排潜力作为主要考虑因素，环境质量因素作为次要因素。部分区域的目标总量指标与环境容量并未直接挂钩，污染控制偏重排放量控制和治污工程建设，并未明确指向与环境质量特别是与人群生活息息相关的城市水体和空气质量改善。”[3]齐有主提出污染物排放总量控制存在的诸如排污底数摸得不准确、区域环境容量不明、环保部门监测数据“数出多门”等问题。[4]青彩华指出：“我国污染物总量指标总体存在‘先占先得、多占多得、经济实力强地区占有环境指标多’的特点，大部分地区的污染物总量分配工作与区域环境质量挂钩少。”[5]杨龙指出，我国水污染物排放总量控制方法体系存在没有将非点源污染纳入总量控制中、分配总量时缺乏不确定性分析等问题。[6]总体来说，上述学者们对于污染物排放总量控制制度执行结果不理想的原因分析，概括起来包括污染物排放总量控制制度的法律保障措施不足，污染物排放总量控制

〔1〕 闫海超：“总量控制制度还缺什么?”，载《中国环境报》2012年5月21日。

〔2〕 王金南等：“‘十二五’时期污染物排放总量控制路线图分析”，载《中国人口·资源与环境》2010年第8期。

〔3〕 吴舜泽等：“将总量控制完善发展为生态文明建设基本制度”，载《中国环境报》2013年11月12日。

〔4〕 齐有主：“以环境质量倒推法促进污染物排放总量控制”，载《中国环境管理》2007年第4期。

〔5〕 青彩华：“基于污染减排的水体污染物排放总量分配方法研究”，郑州大学2013年硕士学位论文。

〔6〕 杨龙等：“水污染物排放总量控制的体系研究”，载《环境监测管理与技术》2008年第3期。

没有与环境质量挂钩，环境监测、环境统计、环境许可等基础性工作不完备，污染物排放总量确定不科学、分配不科学等。

虽然污染物排放总量控制制度存在上述诸多问题，但仍然有学者认为它“是目前最为有力的、针对污染源最为有效的管控制度”〔1〕，是实现污染防治目标的重要制度前提，是减少环境污染的“总闸门”，是其他环境污染防治制度实施的基础性条件，如污染物排放总量控制制度是环境影响评价制度实施的前置性条件，是实施区域限批制度的依据，更是环境保护规划制度的重要内容。“不因存在污染减排执行中的具体问题而否定总量控制制度本身”〔2〕，环境污染防治目标的实现依然要寄希望于污染物排放总量控制制度的有效实施，只有把污染物排放的总量限定于环境容量的极限范围内，处理好“极限与分配”的关系，污染防治的目标才会实现。虽然以“环境容量”为基础的环境保护工作在目前这一现实情况下是不可能实现的，但它为我们提供了一个环境污染防治的可展望的目标，预测未来的发展方向，并促使我们朝着这个目标奋进，更重要的是可以帮助我们发现现污染物排放总量控制制度存在的问题，并循序渐进地提出完善的措施。如针对污染物排放总量控制制度在实施过程中存在的问题，学者们就提出了自己的见解和建议。如李兴锋提出构建完善的法律规范体系是解决我国总量控制制度立法结构性问题的关键，更是落实该项制度的前提。〔3〕靳锴提出了“完善总量控制法律法规、严格环境准入、加大科研投入、

〔1〕 吴舜泽等：“综合动态辩证地看待总量控制制度”，载《中国环境报》2013年11月7日。

〔2〕 吴舜泽等：“综合动态辩证地看待总量控制制度”，载《中国环境报》2013年11月7日。

〔3〕 李兴锋：“总量控制需要专项立法”，载《环境经济》2015年第2期。

强化污染源监管、实施污染物集中处理”[1]等建议。周玮提出：“应在我国现行的污染物排放总量控制中加入季节性的控制指标和手段，以从根源上应对我国季节性气候变化对污染物排放和扩散的影响。”[2]王金南等针对“十一五”期间污染物排放总量控制制度实施过程中存在的问题，建议“‘十二五’期间实施污染物总量控制约束结合环境质量改善指导的环境管理模式，构建‘国家-行业-区域’污染总量减排体系国家减排总量削减目标应通过行业和地区潜力技术经济分析来确定；区域排放总量应与环境质量改善密切挂钩；行业总量控制应采用基于排放绩效的管理模式”[3]。齐有主提出用环境质量倒推法促进污染物排放总量控制存在的问题。[4]吴舜泽等提出加大总量控制和质量管理协同增效作用，仍将总量控制作为环保工作最重要的手段和措施之一，把工业污染源管控作为总量控制工作的重点，以总量控制制度完善为切入点完善生态文明制度体系，将减排目标数据管理提升为治污减排全过程管理。[5]白金提出建立总量控制统计制度、统一污染物总量核算方法、注重主要污染物总量控制体系建设中的人员能力建设、主要污染物总量减排和

---

〔1〕 靳锴：“基于环境保护污染物排放总量控制研究”，载《科技展望》2014年第18期。

〔2〕 周玮：“论污染物排放的季节性总量控制”，载《中国环境管理》2013年第6期。

〔3〕 王金南等：“‘十二五’时期污染物排放总量控制路线图分析”，载《中国人口·资源与环境》2010年第8期。

〔4〕 齐有主：“以环境质量倒推法促进污染物排放总量控制”，载《中国环境管理》2007年第4期。

〔5〕 吴舜泽等：“将总量控制完善发展为生态文明建设基本制度”，载《中国环境报》2013年11月12日。

环境质量挂钩、开展环境容量相关研究[1]等完善我国污染物总量控制体系的具体建议。

总而言之，从实现污染防治目标的现实需要来看，污染物排放总量控制制度依旧是一个重要的污染防治制度，在理论界，学者们依旧对此制度进行了广泛的研究与探索。在实践中，上文虽指出，其执行结果并不理想，但从一定程度上说，其在污染防治过程中也发挥了一定的作用。如“九五”期间，“全国主要污染物排放总量控制计划虽然基本完成，在国内生产总值年均增长8.3%的情况下，2000年全国二氧化硫、烟尘、工业粉尘和废水中的化学需氧量、石油类、重金属等12项主要污染物的排放总量比‘八五’末期分别下降了10%~15%”[2]。“十五”期间，“部分主要污染物排放总量有所减少，环境污染和生态破坏加剧的趋势减缓，部分地区和城市环境质量有所改善”[3]。“十一五”期间，“国家将主要污染物排放总量显著减少作为经济社会发展的约束性指标，着力解决突出环境问题，在认识、政策、体制和能力等方面取得重要进展。化学需氧量、二氧化硫排放总量比2005年分别下降12.45%、14.29%，超额完成减排任务”[4]。2012年~2014年《全国环境统计公报》显示，这三年期间重点污染物的排放量有所下降。现阶段，为更好地发挥污染物排放总量控制制度的作用，达成理论与实践相结合的目标，我们的任务是找出此制度在运行过程中存在的问题，并提出具体的对策。

---

[1] 白金：“我国主要污染物总量控制体系分析——以内蒙古自治区为例”，内蒙古大学2013年硕士学位论文。

[2] 《国家环境保护“十五”规划》。

[3] 《国家环境保护“十一五”规划》。

[4] 《国家环境保护“十二五”规划》。

第二节　可借鉴的美国污染物排放总量控制制度

美国自20世纪60年代末就对污染物排污总量控制进行了研究，现今，此制度无论是在理论研究上还是在实践运作上都比较成熟，成了其他国家在污染防治方面非常值得借鉴的成功典范。

第一，在大气污染防治方面。美国《清洁空气法》（1990年）在总量控制的区域方面规定设立跨州的“空气质量控制区”，用来解决跨界空气污染问题，同时利用国家空气质量标准和排放配额分配制度解决地区性的空气污染问题。在总量初始分配方面，《清洁空气法》（1990年）将排放量的初始分配分为两个阶段。新的排污单位在第一阶段实行的时间范围内只能通过排污配额交易市场向其他排污单位购买排放份额来获得新的排放量。“在第二个阶段，《清洁空气法》授权联邦环境保护总署综合考虑排污企业节能减排技术的应用、第一阶段的达标状况、空气质量环境的改良状况、阶段性的实施目标等方面，向各个排污单位核发排放量。此外，还规定在全国总量控制的范围内预留出相当数量的排放配额用于奖励和交易。”[1]在排污许可证方面，此法规定排污许可证制度的适用范围为国土内的所有区域，所有的排污单位都需要取得联邦环境保护总署颁发的空气污染物质排放许可证。自然排污许可证的审核、发放主体规定为联邦环境保护总署。在排污配额交易方面，政府仅作为一个服务机构，为企业提供一个参与的平台。在排放总量执行与监管方面，监管主体依靠在线监测系统和许可证跟踪系统加大对此制度运行情况的监督管理。在超量排放责任方面，《清洁

---

〔1〕 梁睿：“美国《清洁空气法》研究”，中国海洋大学2010年博士学位论文。

空气法》规定了行政保障措施、公民诉讼和刑事保障措施。此外，该法还详细规定了酸雨控制的实施计划。

总之，在大气污染物排放总量控制方面，《清洁空气法》（1990年）各方面详尽的规定使得总量控制的实施有了充分的法律依据。

第二，在水污染防治方面。美国的《清洁水法》303（d）条款对美国各州、领地水域水体的水质标准和相应的TMDL计划的制定和实施做出了具体的相应规定。"其控制的对象包括点源和非点源，以'日'为总量的监测和计量单位，同时根据某一特定水域的水质标准计算出该水域最大能容纳的某种污染物的总量；在分配时讲求按照点源与非点源造成污染的比例将负荷量在点源与非点源间平均分配。"[1]同时，"考虑季节变化和安全边际，从而采取适当的污染控制措施来保证目标水体达到相应的水质标准"。[2]

《清洁水法》402条款规定了国家污染物排放消除制度。要求排污单位在向污染物、点源和水域排放污染物质时，必须要拥有美国环境总署或有授权的州政府颁发的污染物排放消除系统许可证。而且《清洁水法》还规定了一个针对非点源控制的资助项目。《清洁水法》规定了相当完善的监督管理和实施机制来保证许可证的有效运行，赋予联邦环保总署和被授权享有实施污染物排放消除系统许可证的州广泛的检查和监控的权力。同时，督促环境管理人员履行责任，确定监测和汇报要求，及时反馈排污处理设备的运行情况。《清洁水法》还对此许可证的

〔1〕于铭："中美水污染物排放总量控制法律制度比较研究"，中国海洋大学2009年博士学位论文。

〔2〕Donald J. Brady, "Managing the Water Program", *Journal of Environment Engineering*, 6 (2004), 591.

持有者规定了诸多的义务。此外，《清洁水法》规定了公众参与和自觉执行政策激励排污者遵守排污许可，同时还对违法排污单位规定了行政责任、民事责任和严厉的刑事责任。

上述美国的污染物排放总量控制制度在大气污染防治、水污染防治方面的运用及相关规定，可为我国污染物排放总量控制制度的完善提供借鉴，同时针对我国的实际情况，构建污染物排放总量控制制度实现污染控制目标的重要制度，希望这些制度措施的存在能为污染物排放总量控制制度的有效运行提供前提保障。

第三节　基于“环境单位”的污染物排放总量控制模式

现阶段，污染物排放总量控制制度的开展是在行政辖区范围内，这一模式在某些方面是有效的，但对跨行政区的流域、海域，甚至因大气的流动性、工业的集聚性而使得多个行政区域共同遭遇严重大气污染等情况时，这一模式的采用却显得不合时宜。污染物排放总量控制制度的有效实施必须要在一个完整的系统内开展。对此，本书提出摒弃现行基于行政区划的污染物排放总量控制模式，采取以流域、海域、区域等某一环境单位或环境空间为基础的污染物排放总量控制模式。

一、基于行政区划的污染物排放总量控制模式存在的弊端

行政区划是“国家根据政治和行政管理的需要，依据有关法律规定，充分考虑经济联系、地理条件、气候条件、历史传统、民族分布、风俗习惯、地区差异、人口密度等客观因素，将全国的地域划分为若干层次大小不同的行政区域，设置相应的地方国家机关，实施行政管理”。基于行政区划的环境保护在

某些方面是有效的，但对跨行政区的流域、海域，甚至因大气的流动性、工业的集聚性而使得多个行政区域共同遭遇严重大气污染等情况时，这一模式的采用却显得不合时宜。因为行政区划是人为划定的，其在划定时并没有过多地考虑地域的自然分布规律和自然环境的整体性，导致“行政区域边界分割和环境难以分割的矛盾”[1]始终存在，划分结果就是某些环境单位是完整地在一个行政区划内，但其他却是跨行政区，甚至是跨国界的。

如果某一环境单位是完整地在一个行政区划内，本行政区的环境保护主管部门可独立在这一环境单位内开展环境保护工作，不会涉及跨界、跨区等问题。但对于这些跨行政区，甚至是跨国界的环境单位，须克服诸多的制约性因素。特别是按行政区划设置的环境保护主管部门只能对辖区内的水污染、大气污染、海洋污染防治负责，对跨行政区的污染防治没有负责任的条件，也往往负不了责。一个不能承担全部责任的行政管理机构或部门必将影响到整个环境内污染防治的成效。如在水污染防治方面，我国早在 1973 年《关于保护和改善环境的若干规定（试行草案）》第六部分——《加强水系和海域的管理》就规定：“全国主要江河湖泊，都要设立以流域为单位的环境保护管理机构。跨越行政区域的水系，管理机构由各有关地区联合组成。”现今，国家为治理几大重点水系与湖泊建立了长江水利委员会、黄河水利委员会、淮河水利委员会、太湖流域管理局等。但上述的管理机构，“其定位基本是作为国务院各行政主管部门的派出机构（如水利部等的流域管理机构），职能单一，主要实行单项管理，不能根据流域和生态系统的整体性进行综合

---

〔1〕 王清军：《排污权初始分配的法律调控》，中国社会科学出版社 2011 年版，第 17 页。

管理，也无法承担跨部门、跨区域的流域性问题的综合协调与管理任务。而且流域管理与地方行政管理也不能很好地衔接……流域管理不能通过流域决策、综合规划等手段对地方、不同流域、不同支流与河段进行分类指导”[1]。在大气污染防治方面，也是环境保护主管部门在各自行政区划范围内进行环境管理，但因大气污染物质的流动性，工业集聚性等原因，大气污染呈现跨区域性，现行的单一行政区域管理模式必定无法有效地治理大气污染，各行政辖区必须协同作战，共同应对大气污染问题。在海洋管理方面，我国的海洋管理实行的是统一与分级、分行业管理的模式。国家海洋局代表国家行使海洋管理职能，其下设北海分局、东海分局和南海分局三个分局。省（自治区、直辖市）、市、县三级地方政府分别设有海洋行政主管部分负责不同辖区内的海洋管理工作。此外，根据海洋资源的自然属性，还实行从“陆地到海洋”的行业管理。这“必将在一个海域形成交叉或分跨几个海域，从而将一些完整的海域人为划分为几个海区，不利于从海域整体出发开展污染防治和生态保护工作，从而影响到整个海域的污染防治效果。各个部门对一定海域海洋污染的监督管理和对入海污染源的治理不能做到完全负责，必然影响到海洋环境污染的监管力度和污染源治理力度”。[2]

具体到环境保护中的污染物排放总量控制制度的实施而言，现阶段我国实行的污染物排放总量控制制度是目标总量控制，是宏观层面的总量控制。此制度的开展并没有真正地在一个完整的、自然形成的流域、海域或特定区划内实施，而是在行政

[1] 国合会流域综合管理课题组：“国合会流域综合管理课题组报告——推进流域综合管理 重建中国生命之河”，载 http://www.china.com.cn/tech/zhuanti/wyh/2008-06/23/content_15874006.htm，访问时间：2012年12月11日。

[2] 于宜法、王殿昌：《中国海洋事业发展政策研究》，中国海洋大学出版社2008年版，第76页。

辖区范围内。《“九五”期间全国主要污染物排放总量控制计划》《“十五”期间全国主要污染物排放总量控制计划》《“十一五”期间全国主要污染物排放总量控制计划》《“十二五”主要污染物总量控制规划编制指南》分别规定了“九五”至“十二五”期间全国和各地区几种主要污染物排放总量。其确定和分配方式为在各省、自治区、直辖市申报的基础上，经全国综合平衡，编制全国污染物排放总量控制计划，然后把各五年计划期间的主要污染物排放量分解到各省、自治区、直辖市，作为国家控制计划指标。各省、自治区、直辖市再把省级控制计划指标逐级分解下达。在分配的过程中虽然也会考虑各地方的排污现状和发展水平，但未充分考虑各流域、海域等环境单位内的环境容量，导致污染物排放总量控制制度仅局限于在各行政辖区内实施。虽然各五年规划中都有提及重点海域、流域、海域的污染物排放总量控制，近几年也提出大气污染防治的联防联控机制，但还是由各行政辖区内相关行政主管部门对这些本辖区临近的海域、流经的流域、本辖区内的大气污染防治进行管理。这种“各人自扫门前雪，莫管他家瓦上霜”的做法显然难以有效地实施污染物排放总量控制制度。为实现污染控制目标、改善环境质量，最理想的污染物排放总量控制制度的实施应摒弃现行基于行政区划的污染物排放总量控制模式，采取以流域、海域、区域等某一环境单位或环境空间为基础的污染物排放总量控制模式，即污染物排放总量控制制度必须要以流域、海域、区域等某一环境单位或环境空间为一个完整的系统，并以此环境单位或环境空间内的环境容量为基础，采取一系列有效的措施办法将排入此环境单位或环境空间内的全部污染物排放总量严格限制在允许纳污总量的极限范围内，以满足该环境单位或环境空间的环境质量要求。

二、自然形成的“环境单位”和人为划定的“环境单位”

我国幅员辽阔，从环境保护的角度出发，为有效地开展环境保护工作，实现污染防治的目标，应遵循自然的整体性和规律，以某一流域、海域、区域等环境单位为一个完整的系统来实施污染物排放总量控制制度。本书将环境单位分为自然形成的“环境单位”和人为划定的“环境单位”。

（一）自然形成的“环境单位”

在流域管理方面，我国现有的重要水系基本都是跨行政区划的，如长江流经青海、西藏、四川、云南、重庆、上海等省市；黄河流经青海、四川、甘肃、河南、山东等9个省；淮河地跨河南、安徽、江苏、山东及湖北5省；辽河流经河北、内蒙古、吉林和辽宁4个省区；太湖横跨苏州市、无锡市滨湖区、常州市武进区、宜兴市，其中大部分水域位于苏州市，分别由苏州、无锡、常州三市管辖；其他的水系如西北诸河、西南诸河、浙闽片、滇池、巢湖等都涉及好几个行政辖区。对这些流域的污染问题应从整体、全局性出发实行综合防治。

在海域管理方面，“中国拥有18 000多公里的大陆岸线，依照《联合国海洋法公约》中200海里专属经济区制度和大陆架制度，中国可拥有约300万平方公里的管辖海域”〔1〕。我国临近渤海、黄海、东海、南海。沿海共有河北、天津、辽宁、山东、上海、江苏、浙江、福建、广东、广西、海南11个省份。这11个省份管辖着各自临近的海域，有些海域是专属于一个行政辖区管辖范围内，如胶州湾、唐岛湾等属于青岛市管辖。有的涉及多个辖区管辖，如渤海近岸陆域，从我国的行政区划看，

〔1〕《中国海洋21世纪议程》。

包括环渤海13市。虽然《海洋环境保护法》第8条第1款规定“跨区域的海洋环境保护工作，由有关沿海地方人民政府协商解决，或者由上级人民政府协调解决”，但并未真正落实。对于这些海域内污染问题，应从整体、全局性出发实行综合防治。现今，海岸带综合管理理念已被提出，这应是未来的管理趋势。

（二）人为划定的“环境单位”

人为划定的特定区域管理。此处的“环境单位”是指因大气的流动性、工业集聚造成多个行政辖区大气污染而实行联防联控的人为划定的特定区域。“仅从行政区划的角度考虑单个城市大气污染防治的管理模式已经难以有效解决当前愈加严重的大气污染问题。”[1]2011年，我国提出建立区域大气污染联防联控机制。我国首部大气污染防治国家级规划《重点区域大气污染防治十二五规划》规定了“三区十群”共13个大气污染防治重点区域，要求对这些不得不整合在一起的行政辖区内的大气污染防治“实施统一规划、统一监测、统一监管、统一评估、统一协调”[2]。

行政辖区。此处的行政辖区专指环境污染问题全部集中在一个行政辖区内，比如说专属一个行政辖区内的湖泊、河流、海湾等，对这些环境单位内的污染问题，可在本行政区域内进行污染物总量控制，由各个行政辖区内的环境保护主管机关进行具体的环境管理。

三、基于“环境单位”的污染物排放总量控制模式设计思想

上文已论述了环境单位包括流域、海域、划定的特定区域、

〔1〕《重点区域大气污染防治十二五规划》。

〔2〕《重点区域大气污染防治十二五规划》。

行政辖区四类。为保障污染物排放总量控制制度的有效实施，首先设想在这些环境单位内建立环境管理机构和完善现有行政辖区内环境保护主管部门，然后由这些环境管理机构或环境保护主管部门统一制定，实行"一流域一总量""一海域一总量""一划定的特定区域一总量"和"一行政辖区一总量"等环境单位总量控制模式。

为有效地在这些自然形成的"环境单位"内开展环境保护与防治，应设置与流域、海域等环境单位相对应的流域管理机构、海域管理机构等环境单位管理机构。国家虽为治理几大重点水系与湖泊建立了长江水利委员会、黄河水利委员会、淮河水利委员会、太湖流域管理局等，但其存在局限性，难以承担起整个流域的综合管理职责。我们需要的是一个独立于各行政辖区内的地方政府以及直接由国家垂直管理的一个权威性的环境单位管理机构。其应有明确的职责范围，有独立的决定权和执行权，能对整个跨部门、跨区域的流域、海域进行综合协调与管理，特别是能与地方行政管理部门进行很好的衔接。针对管理因大气的流动性、工业集聚造成多个行政辖区大气污染而实行联防联控的特定区域。国家已要求"建立区域大气联防联控会议制度。在京津冀、长三角等跨省区域，成立由环保部牵头、区域内各级政府领导参加的大气污染联防联控工作领导小组；其他的城市群成立由主管省级领导为组长的领导小组，实施区域大气污染源统一监管"。[1] 针对行政辖区内的环境管理，我国目前在行政辖区内负责环境管理的机构是环境保护主管部门。但因地方政府具有普遍的地方保护主义和"唯GDP"的狭隘眼界，阻碍了环保部门环境管理决策的制定与执行。为保证

---

〔1〕"大气污染12地区联防联控"，载http://www.howbuy.com/news/1349626.html，访问时间：2012年12月11日。

环境管理工作的顺利开展，应处理好环保部门与地方政府的关系，赋予环保部门独立的地位，实现垂直管理，提高环境执法能力。

在这些环境单位内建立环境管理机构和完善现有行政辖区内环境保护主管部门之后，由其具体实施各流域、海域、区域等“环境单位”内的污染物排放总量控制制度。具体而言：

第一，各环境单位内的环境管理机构或环境保护主管部门要以此环境单位内的环境容量为基础，确定环境总量中可以利用的那部分纳污能力即允许纳污量，然后再转化为污染物允许排放量，为保证某一环境单位或环境空间的环境质量，要求各排污主体总的允许排放量要小于允许纳污量，不得超出此环境单位或环境空间的纳污能力，也即不超出环境容量。

第二，各环境单位内的环境管理机构或环境保护主管部门要在坚持科学性原则、完善统计的研究方法和技术体系等方面统计导致水污染、大气污染、海域污染的全部污染物的产生、排放和处理情况，各类污染源数量、行业和地区分部情况。实现上下联动、数据共享的工作机制，同时加强监督、考核和追究机制。健全的排放量统计制度可清楚地把握某一环境单位的整体污染现状，为制定污染物总量减排目标任务提供重要的前提。

第三，各环境单位内的环境管理机构或环境保护主管部门在已科学确定流域、海域、区域一定时段内污染物允许排放量的前提下，引入“分配”的方法，以许可证的方式在排污者之间本着“公平、公正、公开、严格控制、季节性”的原则科学合理地分配污染物排放量，确定各排污主体的排污份额。在对排放量进行初始分配时，所有排污主体得到的排放量总和必须小于流域、海域、区域内可允许的总的排放量，可允许的总的排放量也必须小于该流域、海域、区域内的允许纳污总量。

第四，各环境单位内的环境管理机构或环境保护主管部门在准确测算各流域、海域、区域内的污染物允许排放量、科学进行排放量初始分配的前提下，在各环境单位内建立排污配额交易平台、合理确定排污配额交易的主体、依据市场的运行机制制订合理的交易规则、交易价格机制，并明确交易程序等条件下，允许各排污主体将获得的排放量在二级市场像商品那样进行交易，以实现污染物排污总量的合理配置和污染物排放总量控制制度的顺利进行。

第五，各环境单位内的环境管理机构或环境保护主管部门独立进行环境监管和行政执法，严格监管所有排污主体排放污染物的情况，对超量排污的排污主体进行处罚，使其承担相应的行政、民事、刑事法律责任。

上述提及的这五部分是对各流域、海域、区域等“环境单位”内的污染物排放总量控制制度模式的普遍设想，因各流域、海域、区域等的自然状况不同，在运行的过程中要考虑各自环境单位的实际情况，采用不同的测算、统计、分配等办法。因此，我们寄希望于在出台一部具有普遍指导性的污染物排放总量控制制度的实施细则之外，各流域、海域、区域等应该拥有各自环境单位内的实施细则。这样“一流域一总量”“一海域一总量”“一划定的特定区域一总量”和“一行政辖区一总量”等基于环境单位的污染物排放总量控制模式才会真正发挥作用。

第四节　构建污染物排放总量控制制度实现污染控制目标的重要制度

制度一般指要求大家共同遵守的办事规程或行动准则，具有指导性、约束性、规范性和程序性等特性。其可为人们的工作和活动提供可供遵循的依据，指导人们如何开展工作、不得做些什么，以及违背了制度中的相关规定会受到怎样的惩罚等。基于污染物排放总量控制制度在实施层面缺乏一系列保障其行之有效化的具体制度措施，为解决环境污染问题、实现污染控制目标、有效改善环境质量，必须在以环境容量为基础、以改善环境质量为目标的基于环境单位的污染物排放总量控制制度中构建若干具体的制度措施。这不仅可为制度的顺利开展提供实体性依据，而且还可提供程序性、具有可操作性的依据。作为制度组合的污染物排放总量控制制度至少应包括本书第一章论述过的污染物排放总量控制确定阶段的纳污总量测算制度、排放量统计制度；污染物排放总量控制分配阶段的排放量初始分配制度；污染物排放总量控制落实执行阶段的排污配额交易制度；污染物排放总量控制的监督实施及相应的超量排放法律责任阶段的排放监督制度、超量排放责任制度等。

一、纳污总量测算制度

纳污总量测算制度是指各流域、海域、区域内的环境管理机构和环境保护主管部门通过科学性的数学模型与先进技术测算各流域、海域、区域一定时段内可承受的纳污总量，并进而确定那些可能造成水、海域、大气等污染的所有污染物的允许排放总量的制度措施。具体包括流域纳污总量测算、海域纳污总量测算、区域纳污总量测算等。为实现污染控制的目标、有效的改善环境质量，各个排污单位总的实际排污量一定要小于整个环境单位在一定时段内可允许的最大排污量，可允许的最大排污量的确定必须以环境单位内的环境容量为基础。科学准确的测算流域、海域、区域内的纳污总量控制数值是污染物排放总量控制制度内其他后续具体制度措施有效实施的前提。所以，如何科学、准确地测算出一个环境单位的最大纳污总量，进而确定最大的允许排放量至关重要。在评价每一时段各个环境单位内的污染物排放总量是否有减少时，要以环境质量的改善为准绳。创设纳污总量测算制度可以为纳污总量的测算提供程序性、规范性的保障，为正确、科学地确定纳污总量的数值提供保障前提。

污染物排放总量控制制度作为一项专业性、技术性极强的制度，其有效实施有赖于环境科学技术的发展与进步。因此，为使污染物排放总量控制制度行之有效化，必须借助先进的科学测量技术，科学测算各个环境单位内一定时段内的纳污总量数值。只有在纳污总量确定之后，才能进行初始分配和开展排污配额交易，并以此来判断排污主体是否超量排污等。科学测算纳污总量，需具备一定的条件：纳污总量测算的主体；纳污总量测算的时间段；纳污总量测算的对象；纳污总量测算的范围；科学确定纳污总量的相对正确数值。

在采取流域性、海域性、区域性等环境单位总量控制制度下，各环境单位内的管理机构或主管部门必须立足于科学性的前提，进行纳污总量测算，以确保纳污总量测算的权威性和准确性。

在纳污总量测算的主体方面。纳污总量的测算主体是各个环境单位的环境管理机构，具体包括流域管理机构、海域管理机构、特定区域内的大气污染联防联控工作领导小组、行政辖区内的环境保护主管机关。

在纳污总量测算的时间段方面。“在我国，确定污染物总量控制的目标是在每‘五年规划’中提前规定的，并且强调的是五年之后实现一定比例的污染物排放消减量，在这五年中没有具体的按‘月’或按‘年’的消减计划。”[1]这样的总量控制时间段的确定并不能有效地治理污染，会大大降低污染物排放总量控制制度的实施效果，因此，在我国目前监测技术水平还达不到每日、每月测算的水平下，纳污总量测算的时间段应以“年”为时间段，同时考虑到一年中不同季节、不同时段的特殊性。

在纳污总量测算的对象方面。在具体实施纳污总量测算制度过程中，不应只是对那些造成水质损害、大气污染、海域污染的重点污染物进行总量测算，其他的污染物质也应包含在内。因为，导致环境污染问题产生的不只是“五年规划”中规定的那几种重点污染物质，其他污染物质也在时时刻刻危害环境，等其累积到一定程度，其危害性不亚于那几种重点污染物。在现有的的条件下，不可能对所有的污染物质进行监测、测算和总量控制，但是至少也要对已显现出危害性、影响性范围有扩大端倪的污染物质进行控制。否则，等其累积到一定程度才采取总量控制措施，势必会加大难度。要知道环境法的原则之一就是预防谨慎原则。因此，本着预防为主的意识，应对那些现在还不是很突出，但不能排除将来可能性的污染物质也进行总量控制。

在纳污总量测算的范围方面。为全面控制污染物排放的总量累积到一定程度，产生严重的环境污染问题，污染物排放总量控制制度控制的纳污总量测算的范围不仅包括点源，而且也要涵盖非点源。不仅只是对点源污染中的工业污染源进行测算，而且也要对农业面源和城市污水排放、移动污染源等进行测算。

在科学确定纳污总量的相对正确数值方面。污染物排放总

---

〔1〕 于铭：“中美水污染物排放总量控制法律制度比较研究”，中国海洋大学2009年博士学位论文。

量控制制度是一项技术性要求很高的制度措施，污染物总量控制数值的确定需要经过一套系统、科学的技术步骤来实现。所以，纳污总量的测算必须借助于先进的监测技术、拥有较高的监测水平等。一直以来，我国实行的目标总量控制制度模式中的总量控制目标的确定往往是在现有排污量上作一定程度的消减。其并不是以各个地方的环境容量为基础的，这样的总量控制目标必定与各个地方实际的纳污数量存在出入，甚至会大大超出各个地方的最大纳污极限，使原本污染问题很严重的地区雪上加霜，污染的程度进一步加深，使污染物排放总量控制制度的实施不具有任何意义。因此，各环境单位内的管理机构要在立足于科学性的前提下科学地确定各环境单位一定时间段内的纳污总量数值。

二、排放量统计制度

排放量统计制度是促进污染物排放总量控制制度行之有效化组合中的一项重要制度。其是指各流域、海域、区域内的环境管理机构和各具体地区的环境保护主管部门在坚持科学性原则、完善统计的研究方法和技术体系等前提下，自行监测与排污单位申报相结合统计各排污单位向水、海洋、大气等排放污染物的种类、数量和浓度等的制度措施。完善的排放量统计制度，便于为各环境管理机构及时把握各流域、海域、区域整体污染现状，进而制定污染物总量减排目标任务、核定各排污单位减排量、确定下一时段周期纳污总量提供制度前提，为排放量统计的顺利开展提供程序性、规范性的保障。

为使排放量统计制度发挥在污染防治、实现污染控制目标方面的效用：

第一，应明确排放量统计制度的法律地位，在现行的环境法律法规中规定排放量统计制度的明确内容，制定排放量统计管理办法的实施细则，使得此制度措施更具有可操作性。

第二，各流域、海域、区域内的环境管理机构和各具体地区的环境保护主管部门要切实做好环境统计工作，实现上下联动、数据共享的工作机制，同时加强监督、考核和追究机制。如果流域、海域、区域涉及诸多的行政辖区，则先由各行政辖区的环境保护主管部门统计各自辖区内的排放量数据，然后再上报各环境管理机构。如果流域、海域、区域位于一个行政辖区范围内，则由该行政辖区内的环境保护主管部门进行排放量数据统计工作。

第三，扩大排放量统计的范围，除继续加大统计工业污染物源、生活污染源的力度外，还应扩展生活污染源、农业面源的广度。保障此制度能够对造成水污染、大气污染、海洋污染的污染源进行统计，尽量全面地摸清污染现状，为科学确定某一流域、海域、区域内一定时段内的纳污总量奠定坚实的基础。

第四，环境管理机构和各具体地区的环境保护主管部门要完善统计核查核算办法，统一统计标准和分析研究方法，建立环境容量评估体系、监测体系，按季度开展污染物排放情况的基础调查，构建“以排污申报登记、排污许可证、环境监测等为基础的动态信息管理系统”〔1〕和统一的监测信息共享平台。

第五，环境管理机构和各具体地区的环境保护主管部门应加强对各排污单位排污数据申报情况的监督管理，要求排污单位如实定期、不定期地向主管部门汇报其污染物排放的种类、数量、方式等，严格处理企业拒报、瞒报、漏报、错报数据等情况。

---

〔1〕 田仁生、邹首民、张治忠：“污染物排放总量控制工作的若干思考和建议”，载《上海环境科学》2003年第7期。

第六，建立排放量统计发布公开制度。各环境单位内的管理机构在增加排污数据的科学性与权威性的前提下，应扩大排放量统计数据公开的范围，扩大公众参与的力度与幅度，接受社会监督。

第七，加强基层排放量统计人员的队伍建设，定期开展专业、技能培训，提高福利待遇。

三、排放量初始分配制度

排放量初始分配制度是指在已科学确定流域、海域、区域在一定时段内的纳污总量的前提下，各环境管理机构和各具体地区的环境保护主管部门本着“公平、公正、公开、严格控制、季节性”的原则对可允许排放总量进行科学合理分配的制度措施。创设此制度，可以为排放量初始分配的开展提供程序性、规范性的制度前提保障，指导各环境单位内的环境管理机构和环境保护主管部门具体如何开展排放量初始分配活动。实施此制度，在对排放量进行初始分配时，所有排污单位得到的排放量总和必须小于流域、海域、区域内可允许的总的排放量，可允许的总的排放量也必须小于该流域、海域、区域内的允许纳污总量。

在实行基于环境单位总量控制的模式下，各环境管理机构和主管部门采用怎样的分配方案至关重要，因为如果无法将污染物的可允许排放量合理地分配出去，后续的排污配额交易制度便难以开展。因此，构建科学的排放指标有偿分配制度是污染物排放总量控制制度内后续具体制度有效开展运行的重要前提。

（一）排放量初始分配的原则

各环境管理机构和主管部门在进行排放量初始分配时应坚

持的原则包括：

公平原则。各环境管理机构或主管部门在进行具体排污量初始分配时要综合分析环境单位在一定时段内的各个具体地区的污染程度、排污现状、治理条件等，因地制宜地进行公平的排放量初始分配。

公正原则。各环境管理机构或主管部门作为分配主体在具体分配给排污单位一定份额的排放量时，必须坚持公正原则，不偏袒、不弄虚作假，真正科学、合理地在各个排污单位之间分配。

公开原则。排放量初始分配不是简单的数值分解，不是加加减减就可以完成的，环境保护一直受到各方的阻力与压力，在对排放量进行初始分配时涉及各个具体地区的经济发展利益时，这个阻力与压力格外强烈。因此，为使污染物排放总量控制制度顺利推进，必须贯彻公开的原则，及时、有效、准确地公布有关排放量分配的相关信息。

严格控制原则。污染物排放总量控制制度实施的理论和实践基础是环境容量。所以，为杜绝愈演愈烈的环境污染，实现污染的控制目标和改善环境质量，必须对排污单位的排污行为进行控制，使所有的排放单位通过分配得到的排放量总和控制在环境单位内一定时间段的可允许排放的总量极限范围之内，这一范围绝不能突破，否则，将失去对污染物进行总量控制与管理的意义。

季节性原则。我国所处的地理位置决定了我国环境污染呈现明显的季节性特征。在水污染防治方面，各流域有枯水期（1月、2月、3月、4月、12月）、平水期（5月、6月、11月）、丰水期（7月、8月、9月、10月）三个时期。在这三个时期，流域的径流量是不同的，进而纳污量也是不同的。在海洋污染防治、大气污染方面，同样会因季节原因而呈现季节性的变化。因此，在排放量初始分配过程中，应该充分考虑环境污染的季节特征，根据季节对排污许可制度进行调整。

（二）以污染物排放总量控制为前提、以排污许可证为主要管理手段的排放量有偿分配

第一，在环境容量的极限范围内进行纵向和横向初始分配。“从理论研究上说，一个区域到底能够承受多少企业的污染物，归结为环境容量问题。”〔1〕“环境问题的产生就是因为人类活动及其影响超出了环境能力或环境承受力的极限而出现的后果。”〔2〕环境问题的解决就是处理有限的环境能力与事实上已经超出或在局部已经超出环境能力的人类需求之间的关系问题。所以，我们应在环境容量的极限范围内进行排放量的初始分配，且不能超出此界限。需明确的是，我们不能将排污单位获得的一定份额的排放量片面地理解为排污单位可向环境任意排放污染物。之所以要向排污单位分配一定份额的可允许排放的污染物质是在环境保护与经济发展两者孰轻孰重，以谁为根本的妥协之下不得已而作出的选择。所以，排污单位获得一定份额的排放量并不意味着其可以无所畏惧、无所限制的排污，其排放的污染物数量如果超过规定的排放量应承担相应的超量排污责任。

在具体分配污染物排放量时，如果一个环境单位涉及诸多的行政辖区，此时应实行纵向加横向的分配方式。具体而言，环境单位内的环境管理机构在确定了环境单位内某一时间段的纳污总量之后，按照“公平、公正、公开、严格控制、季节性”

---

〔1〕 于雷、吴舜泽、徐毅：“我国水环境容量研究应用回顾及展望”，载《环境保护》2007 年第 6 期。

〔2〕 徐祥民主编：《环境与资源保护法学》，科学出版社 2008 年版，第 9 页。

的原则将允许排放量数值纵向免费分配给环境单位内的各个具体地区，然后各个具体地区内的环境保护主管部门横向有偿分配给各个具体排污单位。此种分配方式有利于从一个整体的自然环境区域来统一控制污染，不会受到地方政府的限制干涉而无法做出公正合理的分配。

如果环境单位位于一个行政辖区范围内，则由该行政辖区内的环境保护主管部门实行横向的有偿排放量初始分配。

在纵向和横向分配相结合，或只是横向分配过程中各环境管理机构包括各环境单位内的环境管理机构和各个具体地区的环境保护主管部门都可预留一部分排放量份额，以备将来出现的不确定因素。

第二，排放指标有偿分配。我国目前实行的是全国性的总量控制目标确定后再层层分解的模式。在这种模式下。我国刚开始所采用的是由环境保护主管通过行政许可的方式将一定份额的排放量免费分配给排污单位。现今，我国虽然采取排污收费的措施以弥补免费分配排放量份额存在的弊端，但排污收费政策在实际执行过程中却逐渐演变成了“付费即可排污”的后果。这一弊端造成了环境资源低效率利用、权力寻租和乱收费等违法现象，进而必然无法对污染物排放的总量进行有效的控制。为体现环境容量的极限性与稀缺性，达到改善环境质量的目的，倒逼排污单位外部成本内部化，进而进行技术革新、控制新污染物质的排放，应对污染物排放指标进行有偿分配。

有偿分配包括公开拍卖和定价出售两种模式。在具体分配过程中各环境单位内的环境主管机构和各个具体地区的环境保护主管部门要科学确定公开拍卖与定价出售之间的适用比例。同时为使每个排污单位都能取得合理的允许排放量份额，防止排放量初始分配过程中产生权力寻租现象，各环境单位内的环境管理机构或主管部门必须本着“公平、公正、公开”的原则，按照法定程序和分配原则进行排放量初始分配，并及时、主动地公开相关信息，提高信息的透明度，加强公众监督的力度与广度。具体而言，在采用公开拍卖模式时，拍卖主体即各环境单位内的管理机构和各个具体地区的环境保护主管部门要“依据拍卖市场的运行机制制定合理的规则，有意参加竞拍的排污单位应首先向拍卖机关提出申请。有关申请程序、申请材料等事宜应有专门系统的规定并予以公示，且要辅之以网络等多渠道的查询方式以方便排污单位获知相关信息”〔1〕。在采用定价出售模式时，各环境单位内的管理机构和各个具体地区的环境保护主管部门“要将污染物种类、价格等条件公示，并公开相应程序。必要时，可以举行听证会，充分听取排污企业和污染源附近居民的意见，保障其合法权益”〔2〕。

第三，排放量初始分配制度的载体——排污许可证。各环境管理机构或主管部门在科学测算各环境单位内的纳污总量、确定可允许排放的污染物总量的基础上，依照管理权限将具体的允许排放量分配给各个排污单位的过程中必须采用排污许可证。“这里所说的许可证不是当前已经实施的简单的许可证，而是具有规范性、细致性、科学性和可实施性的许可证。”〔3〕在发放排污许可证的时候，如果一个环境单位内已无环境容量，或已达到极限，则该环境单位一律暂停或停止审批除污染防治、循环经济及生态恢复以外的所有建设项目的环境影响评价文件，

---

〔1〕 王祥芳：“排污权的法律性质和初始分配制度研究”，苏州大学 2010 年硕士学位论文。

〔2〕 王祥芳：“排污权的法律性质和初始分配制度研究”，苏州大学 2010 年硕士学位论文。

〔3〕 毕军、叶维丽：“排污权交易：环境管理双刃剑”，载 http://www.p5w.net/news/xwpl/200905/t2349715.htm，访问时间：2012 年 12 月 11 日。

直到此环境单位有足够的环境容量才可解除限制，或者通过排污配额交易获得排放份额。此外，各环境管理机构必须加强对排污许可证的监督管理工作，各排污单位必须严格按照许可证规定的排放量份额进行排污。同时，各监督管理主体必须严格按排污许可证上规定的排污量来约束排污单位的排污行为，改进监测技术和方法、建立环境监测网络、扩宽监测范围，提高监测能力和手段等，监测各排污单位是否超出排污许可证进行超量排污，进而严格控制新增污染物排放量。

四、排污配额交易制度

排污配额交易制度是指各流域、海域、区域内的环境管理机构在准确测算各流域、海域、区域内的纳污容量、科学进行排放量初始分配的前提下，在各流域、海域、区域内建立排污配额交易平台，合理确定排污配额交易的主体，依据市场的运行机制制订合理的交易规则、交易价格机制，并明确交易程序等条件下，允许各排污单位将获得的排放量在二级市场中像商品那样进行交易，以实现污染物排污总量的合理配置和污染物排放总量控制制度顺利进行的制度措施。创设此制度可为各排污单位参与排污配额交易市场买入或卖出一定份额的排放量份额提供程序性、规范性的制度保障前提。排污配额交易的范围必须是在各自的环境单位内，且不宜突破这个界限，进行跨区域、海域、流域交易，这样会有转嫁污染之嫌，进而会加重其他环境单位内的环境污染态势。

排污配额交易制度的实施需要一系列前提条件。如果不具备这些条件，排污配额交易将难以开展，具体包括但不限于以下条件：一是排污配额交易是以某一环节单位内的总量控制为出发点。某一环境单位内的污染物排放总量是排污配额交易的前提，其有效的实施必须要以环境容量为基础，不能超出环境的纳污能力，所以排污配额交易制度的实施首先要确定一个环境单位内的环境容量，测算出其在一定时段内的最大纳污总量。二是在科学测算纳污总量的基础上，需要对可允许的排放量本着“公平、公正、公开、严格控制、季节性”的原则进行科学合理的分配。三是排污配额交易过程中涉及的具体排污单位，不论他们是购买方还是出售方，有关排放量初始分配、应承担的义务、应遵守的交易规则等都应该在行政许可证中予以体现。四是成熟完善的排污配额交易市场、明确具体的交易规则与程序。五是保障排污配额交易顺利进行的完备法律保障和监督机制。

为使排污配额交易制度顺利开展，此制度应包括但不限于以下几个方面：

第一，准确测算某一环境单位内的纳污容量。前文已论述了纳污总量测算的相关内容。

第二，在科学测算纳污总量的基础上，需要对可允许的排放量本着“公平、公正、公开、严格控制、季节性”的原则进行科学合理的分配，前文已论述了以污染物排放总量控制为前提、以排污许可证为主要管理手段的排放量有偿分配方法。

第三，规范排污配额交易的主体。排污配额交易主体包括各环境单位内的环境管理机构、地方政府、环境保护主管部门、通过排放量初始分配获得的有一定剩余排放量份额的排污单位以及需要到排污配额交易市场购买一定份额的排污单位。此外，排污配额交易的主体还包括广大的公众等监督主体。

第四，重新定位环境保护管理机构、政府、主管部门在排污配额交易中的职能，建立排污配额交易市场，完善交易规则和程序。各环境管理机构具体包括各环境单位内的管理机构、主管部门，环境单位内各具体地区的地方政府，其必须重新定位在排污配额交易中的职能，不要对利用市场机制进行运作的排污配额交易进行随便干预。但为使排污配额交易顺利进行，在环境单位内确定纳污总量、审核并进行排污权初始分配、建立排污配额交易市场，依据市场的运行机制制订合理的交易规则，并规定明确交易程序等有利条件。

第五，完善排污配额交易的相关法律法规。排污配额交易制度的顺利开展不仅需要实体性的规定，明确其法律地位，更需要程序性的规范性规定，为具体开展排污配额交易提供法律保障和依据。对此，我国应制定确保排污配额交易的主体顺利进行的相应具体的实施办法、规则。

第六，加强排污配额交易制度的监督管理。市场调节具有盲目性和落后性，对利用市场机制进行运作的排污配额交易也存在局限性，为使排污配额交易顺利开展，需要对排污配额交易进行有效的监督，这是排污配额交易制度发挥效能的关键。对此，各环境单位内的管理机构、主管部门、环境单位内各具体地区的地方政府应完善在线监控及监督性监测办法，进而加强对排污单位的监控，及时掌握排污单位具体排污、削减排污指标的现实状况，并督促其完成污染治理的义务，严格控制新增污染物质的排放。此外，各环境单位内的管理机构、主管部门、环境单位内各具体地区的地方政府应建立有效的排污配额交易信息披露机制。

五、排放监管制度

污染物排放总量控制制度的实施能否达到预期效果，在很大程度上取决于环境监督管理的有效开展。排放监管制度是指各流域、海域、区域内的环境管理机构和各具体地区的地方政府、环境保护主管部门、公众对排污单位的排污情况进行监督管理的制度措施。监管的手段包括行政、法律、技术等。建立排污监管制度，有利于监管主体和公众有效地对排污单位的污染物排放状况进行监管，发现存在的问题，并及时改正，以此来督促排污单位及时、优质、优量地完成排污减排的责任。污染物排放总量控制制度中的排放监管制度应包括但不限于以下几个方面：

第一，各环境单位内的管理机构和各具体地区的地方政府和环境保护主管部门必须担负起污染物排放监管的重任。在污染物总量控制制度方面，实行环境单位内管理机构统一监管和各环境单位内的具体地区的地方政府和环境保护主管机关具体监管相结合的方式。本书已阐述要赋予各环境单位内的管理机构具有独立性和权威性的法律地位、职责和权力。对此，各环境单位内的具体地区的地方政府和环境保护主管机关应树立正确的政绩观，加强对排污单位污染物排放情况的监督检查，同时针对各具体地区的实际情况，实施不同的排放监督检查对策，定期向社会公布监督检查结果。建立排污单位名录，把公布排污单位名录作为一项制度纳入常规工作，及时更新并陆续向社会公布。安装运行管理监控平台，加强环境质量监测和污染源监督性监测，同时加大对各排污单位的污染治理设施监管。定期、不定期地组织开展总量控制专项检查，督促排污单位全面、严格地执行国家和地方排放标准，严肃查处违法违规行为。同时，实行污染物排放总量控制执法责任制，此外，加强预警和应急能力建设，健全重大环境污染事故的责任追究制度。

第二，我国的环境保护虽是政府主导型，但仅仅依靠政府，公众不配合，我们的环境依然得不到改善，公众的环境参与是很重要的。为强化公众参与，在法律中应明确公众参与原则中公众的范围，对公众参与的规定尽量全面具体，避免出现引起歧义的规定或不明确；规定环境信息的相关内容，确保公众的环境知情权和批评权，加强公众与环境管理部门间的信息互动，推行环境保护决策民主化，完善相关的听证制度。

第三，在国家提出生态文明建设的背景下，如何处理环境保护与经济发展两者之间的关系，依旧是一个很难抉择的问题。虽然国家大力提倡科学发展观，要求构建资源节约型、环境友好型社会，进而协调人与自然之间的关系，但发展经济还是处于优先的地位。作为经济发展中的中坚力量，企业的发展必定以追逐经济利益为目的，但企业盲目、粗放发展造成的环境污染恶果同样会成为制约自身持续发展的瓶颈。因此，企业在自身发展过程中不能仅仅着眼于其自身的经济效益，还应关注经济效益以外的诸如公众的共同利益、环境利益、环境保护、资源合理开发等因素，强化企业的环境责任，规制企业行为，使其全面承担、履行在环境保护，资源开发、利用、节约等方面的义务。在污染物排放总量控制制度方面，面对日益严重的环境危机，企业不能无所作为，任意排放污染物，企业的排污行为必须得到应有的限制，在环境保护领域，应承担一定的社会责任。各排污单位应严格遵守相关法律的规定设置排污口，并安装污染物排放自动监控系统，建立自行监测能力，对所排污染物的种类、数量和浓度等开展日常自行监测，并与环境管理机构和各具体地区的环境保护主管部门的监控设备联网，保证监测设备正常运行，主动及时报告运行情况及污染物的种类、数量和浓度等。此外，排污单位应推进清洁生产、采用先进的技术措施，从源头抓起，转变消耗过多资源、排放出过多污染物质的生产、流通方式，真正地做到全过程控制，以此来完成减排任务。

六、超量排放责任制度

环境问题解决的本质就是处理有限的环境能力与事实上已经超出或在局部已经超出环境能力的人类需求之间的关系问题。污染物排放总量控制制度必须要以环境容量为理论和实践基础，进而可知，污染物排放总量控制制度行之有效化的重要手段就是控制，就是所有排污单位在一定时间段内排放的污染物总量必须被控制在环境单位内可承受的最大纳污能力范围内。如果超出这个极限范围，之前为实施污染物排放总量控制制度才做出的一切努力都会化为虚无，环境污染的控制目标无法实现，环境质量的改善更是不可能的。所以，面对环境问题愈演愈烈的态势，促使污染物排放总量控制制度的行之有效化，必须完善超量排放的责任制度，对企业形成威慑力，促使其按照排污许可证规定的排污量进行排污，或者为获得更多的排污量进入到排污配额交易市场进行排污配额交易。如果其超量排污，必须承担相应的超量排放责任。超量排放责任制度是指各流域、海域、区域内的环境管理机构和各具体地区的环境保护主管部门在监管排污单位的排污情况时，对超量排污的排污单位进行处罚，使其承担相应的法律责任。

日本针对污染物排放总量控制制度中的超量排污责任，“规定了标准控制制度、申报监控制度、限期改进制度、机动车废气的及时控制制度、报告和检查制度、许可证制度、地方政府职责制度和无过错责任原则、惩役或罚金法则、单处罚金法则、‘双罚制’等罚则”〔1〕。上述这些超量排污责任措施的有效的运用，给予了排污单位严厉的法律制裁，促使其严格按照排污

〔1〕 方堃：“中日大气污染总量控制制度比较及立法启示”，载《环境科学与技术》2005年第1期。

许可证规定的排放份额进行排污。美国针对排污单位特别是排污企业出现违规的超量排污行为，采取了严格的处罚机制，这一处罚机制的应用增加了企业的违法成本，使得企业必须自觉地将污染物控制在合理的经济范围之内。对此，我国应借鉴日本和美国在超量排污处罚机制方面的先进经验，在环境法律、法规中明确超量排污责任制度的法律地位，制定违规超量排污单位所要承担的超量排放责任的具体、详细的条款，增加超量排污单位的违法成本，促使其严格按照排污许可证规定的排放份额进行排污，进而严格控制污染物排放的总量。可以说，超量排放责任制度的建立，表面来看是对超量排污单位进行处罚，但此制度实施的最终的目的是保障污染物排放总量控制制度能有效地开展。具体而言，超量排污单位应承担的法律责任包括以下几个方面：

排污单位超量排放污染物的，由各流域、海域、区域内环境管理机构和各具体地区的环境保护主管部门按照权限责令其立即停止正在进行的超量排放行为，限期治理并"按日"进行罚款。逾期未完成治理任务的，责令停产、停业关闭、对有关责任人进行严肃处理。各流域、海域、区域内环境管理机构和各具体地区的环境保护主管部门应向社会公布违反本法规定超量排放、造成严重污染问题的排污单位。实施区域限批，暂停办理建设项目的审批、核准以及环境影响评价等。排污单位因超量排放污染物质侵害环境而对他人的人身权、财产权等权益造成损害的，应补偿受害者所遭受的损失，损失包括直接损失、间接损失和精神损失。排污单位的超量排放行为对自然环境本身造成损害的，要立刻停止正在进行的超量排放行为，采取一切有效措施消除、治理已造成的环境污染，使之恢复原状。设立污染治理基金制度，此基金应用于污染治理和环境质量改善，不得挪作他用。同时开展环境公益诉讼，切实追究各排污单位不严格排污、偷排等违法行为的法律责任。我国《民事诉讼法》第 55 条规定了公益诉讼，指出对污染环境进而损害社会公共利益的行为，法律规定的机关和有关组织可以向人民法院提起诉讼。对此，针对排污单位严重违规超量排污，有关机关和组织可以提起公益诉讼，加大违规排污单位的违法成本，使其采取一切有力措施减少污染物质的排放，承担一定的环境社会责任。排污单位故意或过失超量排放污染物质造成严重环境损害构成犯罪的，要承担刑法处罚的否定性法律后果。对此，应加大刑事处罚的力度与增加纳入刑事处罚的犯罪类型，加大违规排污单位的违法成本。

上述六项重要具体制度是在污染物排放总量控制制度内处于同一条直线上的具体制度措施，后一项具体制度的运行必然以前一具体制度为前提，比如排放量初始分配制度必须是在纳污总量测算目标确定之后才能着手实施，排污配额交易制度同样要在排放量初始分配之后才能运行。因此，各项具体制度之间必须实现有效的连接、支持与紧密配合，不能脱离污染物排放总量控制制度这个大的体系而各自为伍。如果单独行动必然使得污染物排放总量控制制度的结构体系支离破碎，难以发挥应有的效用，进而影响污染控制目标的实现和环境质量的改善。

第五节　保障推进污染物排放总量控制制度有效落实的举措

污染物排放总量控制制度的实施需要一些保障措施，如制定与完善必要的法律文件，加强与环境影响评价制度的协调与配合，以及由“区域限批”向“总量限批转化”，等等。

一、制定与完善必要的法律文件

污染物排放总量控制制度的行之有效化，需明确其法律地位、在实施过程中有完善的程序性法律依据。但《环境保护法》中没有规定污染物排放总量控制。《水污染防治法》《大气污染防治法》《海洋环境保护法》等虽对此制度进行了规定，但对纳污总量的测算、排放量初始分配、排污配额交易、排放监管、超量排放责任等问题没有明确、详细的规定，缺乏可操作性。而且污染物排放总量控制制度的具体实施办法和实施步骤由国务院规定或由省级人民政府自行决定。但国务院和各省的实施细则始终没有出台。这样的立法，显然无法为污染物排放总量控制制度行之有效化提供完备的法律保障。致使阻碍了污染物排放总量控制制度在实现污染控制目标方面应有效应的发挥，使其难以行之有效化。因此，针对现阶段我国在污染物排放总量控制制度方面存在的立法缺陷，有必要对排污总量控制的目标、总量统计、调查和监测、总量分布、适用程序等作出更加明确的规定。

首先，在《环境保护法》中明确规定污染物排放总量控制制度，使其真正成为污染防治领域中的一项基本法律制度。

其次，在现行的《大气污染防治法》《海洋环境保护法》《水污染防治法》中规定污染物排放总量控制制度实施的具体内容，使其更加具有操作性。同时也在其他污染防治领域中规定污染物排放总量控制制度的相关内容。因为污染物排放总量控制制度作为实现污染控制目标的重要制度，其发挥效益的范围不只是局限于水污染防治、大气污染防治、海洋污染防治，在污染防治领域中的其他方面，如在固体废弃物防治、土壤污染防治中，都需要污染物排放总量控制制度的有效运用。

再次，需要制定一部把本书提及的六项制度组合规范化的法律文件——污染物排放总量控制制度实施细则，对污染物排放总量控制制度实施过程中的重要问题（如纳污总量测算、排放统计、排污权初始分配、排污配额交易、排放监管、超量排放责任等）作出更加明确、细致，更具操作性的规定。

最后，各环境单位内有立法权的环境管理机构应依据有关污染物排放总量控制制度法律、法规的规定，结合各环境单位的具体实际情况，制定适宜的总量控制实施办法。

污染物排放总量控制制度相关法律、法规的贯彻落实有利于污染物排放总量控制制度充分发挥其在治理环境污染问题方面应有的效果。对此，为保障与促进这些法律文件得到有效实施，应有相关的贯彻落实举措。

第一，为保障相关法律、法规等相关法律文件的有效落实，应实行流域、海域、区域内环境管理机构统一管理和各具体地区的环境保护主管部门具体管理相结合的方式。环境保护主管部门在实施具体监管时，应理顺与海洋、水利、农业、交通运输等同样负有污染监管职责的职能部门的关系。各有关职能部门应在各自的职责范围内，相互协作、密切配合，共同做好污染物排放总量控制的管理工作。环境管理机构要制定各流域、海域、区域年度污染物排放总量控制计划，并督促各具体地区的环境保护主管部门制定具体的污染物排放总量控制实施方案。

第二，为保障相关法律、法规等相关法律文件的有效落实，应实行污染物排放总量控制目标责任制、问责制、“一票否决”制和考核评价制度。各流域、海域、区域内的环境管理机构每年要向国务院报告污染物排放总量控制目标完成情况。各具体地区的环境保护主管部门每年要向环境管理机构报告总量控制措施落实情况。国务院每年组织开展各流域、海域、区域污染物排放总量控制目标责任考核评价，将污染物排放总量控制完成情况作为对环境管理机构和各具体地区地方政府、环境保护主管部门及其负责人考核评价的内容，同时将考核评价结果向社会公告。

第三，为保障相关法律、法规等相关法律文件的有效落实，应加大财政投入，支持环境保护基础设施的开工与建设，提升工程减排在实现总量控制方面的成效；转变经济发展方式，加快推进产业结构调整，推行清洁生产，发挥结构性减排的功效。提高污染源现场采样监测专用仪器设备的装备水平，保证环境监测数据准确、可靠、有效，提升环保部门监督性监测和自动在线监测数据传输能力。同时在具体环境执法过程中认真贯彻落实，杜绝执法不严、违法不究、不依法执法等失职行为，促进监督管理减排的顺利开展。

第四，为保障相关法律、法规等相关法律文件的有效落实，应完善激励机制，如逐步建立与市场经济相适应的环保投融资机制，通过制定优惠政策、财政补贴、项目补助和资本金注入等措施，调动排污单位承担环境社会责任的积极性，转变其对生态环境可能产生的污染与破坏行为。

第五，为保障相关法律、法规等相关法律文件的有效落实，应建立环境宣传教育体系，加强环境法制宣传教育，推进全民环境普法、环境科普计划，强化环保意识，营造全社会关心、支持、参与环境保护的良好氛围。同时完善公众听证制度，鼓励公众参与环保决策，接受公众和社会各界的监督，形成专业执法和社会监督相结合的监督网络和全社会共同参与的环境保护格局。

第六，为保障相关法律、法规等相关法律文件的有效落实，应开展环境公益诉讼，切实追究各排污单位不严格排污、偷排等违法行为的法律责任。《民事诉讼法》第55条规定了公益诉讼，指出对污染环境进而损害社会公共利益的行为，法律规定的机关和有关组织可以向人民法院提起诉讼。这为公益诉讼的开展打开一扇门，虽然这道门的缝隙很小，但在公益诉讼的道路上迈出了一大步。对此，针对违法排污单位超量排放污染物，有关机关和组织可以向法院提起公益诉讼，严格追究排污单位的法律责任，使其承担相应的违法成本，迫使其采取措施改进技术，减少污染物质的排放。

二、污染物排放总量控制制度与环境影响评价制度的协调与配合

污染防治是一项巨大的工程，在污染防治法律制度中拥有污染物排放总量控制制度、限期治理制度、环境规划制度、环境影响评价制度、环境标准制度等一系列具体制度措施。但在进行具体防治时，一种制度显然难以承担起污染控制目标实现的重任，污染防治目标的实现需要各种污染防治法律制度的协调、配合。污染物排放总量控制制度作为环境污染的“总闸门”，是环境影响评价制度实施的前置性条件，实现这两种制度的衔接，是实现污染防治目标的重要举措。

（一）污染物排放总量控制制度

环境污染的产生是由于“人类生产、生活活动过程中，向自然环境排放废物，其种类、数量、浓度、速度等超过环境自净能力，导致环境的化学、物理或生物特征发生不良变化”[1]。只有将人类的一切排污行为限制在环境可承受的极限范围内，环境污染问题才会得以解决。污染物排放总量控制制度正是以环境容量为基础、以改善环境质量为目标，采取一系列具体措

〔1〕 徐祥民主编：《环境与资源保护法学》，科学出版社2008年版，第69页。

施将排入某一流域、海域、区域内的全部污染物排放总量控制在环境容量极限范围内，进而满足该流域、海域、区域环境质量要求的污染控制方式及其管理规范的制度措施。其是国家为控制污染、改善环境质量不得已而为之的举措，其是实现污染防治目标的重要制度前提，是减少环境污染的“总闸门”。

理论上，污染物排放总量控制制度的设计思想是以某一环境单位或环境空间的环境容量为基础，确定环境总量中可以利用的那部分纳污能力即允许纳污量，然后再转化为污染物允许排放量，即“环境容量→纳污能力→允许纳污量→允许排放量”。为保证某一环境单位或环境空间的环境质量，要求各排污主体总的允许排放量要小于允许纳污量，不得超出此环境单位或环境空间的纳污能力，也即不超出环境容量，即“允许排放量<允许纳污量<纳污能力<环境容量”。例如，某一环境单位或环境空间在某一时段可接受的纳污总量为1000吨，要使得各排污主体向此环境单位或环境空间排放的污染物总量不产生污染问题，在进行排放量初始分配时，总的分配量一定不得超过1000吨，或者为提升此环境单位或环境空间的环境质量，把允许的排放量总值限定为900吨。为实现这一目标，各排污主体的排污行为必须得到限制，在允许纳污的总量范围内严格按照排污许可证规定的份额排放一定量的污染物。如果一部分排污主体排放的污染物总量已达到允许排放总量的极限，其他排污主体就应停止排放污染物的活动，或其可到排污配额交易市场购买一定份额的排放量。同时，各环境保护行政主管部门应对此环境单位或环境空间内的污染物排放情况进行监督管理，并对超量排放的排污主体实施处罚。

从理论上说，这一系列污染物排放总量控制活动在严格控制住污染物排放总量的前提下有效地开展下来，污染物排放总量控制制度是必然有效的，污染控制的目标定会实现，环境质量也会得到改善。但在具体实践过程中，每个“五年”规划内污染物排放总量控制制度的执行结果并不理想，我国到底可以容纳多少污染物难以确定。而且，我国污染物排放的总量已超出环境容量，与环境质量不挂钩，难以控制继续超量排放的趋势，以至于现在开始弱化、淡化甚至否定此制度。学者们也普遍注意到了污染物排放总量控制制度实施在过程中存在的问题，如法律保障措施不足，缺乏专门立法〔1〕，没有与环境质量挂钩〔2〕，基础性工作不完备（如环境监测、环境统计、环境许可等其他制度不完备)〔3〕，没有为污染物排放总量控制制度的实施提供有效的监测数据、统计数据的支撑。此外，保障此制度的实施的排污许可证制度的缺陷，致使排污单位不按照排污许可证规定的排放量进行排污，或者超许可排污、无证排污

〔1〕 李兴锋：“总量控制需要专项立法”，载《环境经济》2015年第2期。李兴锋提出我国有关总量控制的立法存在法律规范体系不健全、法律规范内容不完善、立法理念滞后等缺陷。闫海超：“总量控制制度还缺什么?”，载《中国环境报》2012年5月21日。闫海超指出污染物排放总量控制制度的实施缺乏专门立法、现行的规范性文件原则规定多，实施细则少、配套制度不衔接、部门配合不够、监督和责任机制不健全等。

〔2〕 王金南等：“‘十二五’时期污染物排放总量控制路线图分析”，载《中国人口·资源与环境》2010年第8期。王金南等认为：“尽管‘十一五’时期污染总量减排预期目标基本实现，但是仍然存在污染总量减排与环境质量改善不对应、环境管理制度难以适应污染总量控制要求等问题。”吴舜泽等：“将总量控制完善发展为生态文明建设基本制度”，载《中国环境报》2013年11月12日。吴舜泽等指出：“国家在制定总量控制目标时，将总量减排潜力作为主要考虑因素，环境质量因素作为次要因素。部分区域的目标总量指标与环境容量并未直接挂钩，污染控制偏重排放量控制和治污工程建设，并未明确指向与环境质量特别是与人群生活息息相关的城市水体和空气质量改善。”

〔3〕 齐有主：“以环境质量倒推法促进污染物排放总量控制”，载《中国环境管理》2007年第4期。齐有主提出污染物排放总量控制存在诸如排污底数摸得不准确、区域环境容量不明、环保部门监测数据“数出多门”等问题。

等现象层出不穷。还有学者提出，此制度总量确定不科学、分配不科学[1]等。

虽然污染物排放总量控制制度存在上述诸多问题，但它“仍然是目前最为有力的、针对污染源最为有效的管控制度”[2]，是实现污染防治目标的重要制度前提，是减少环境污染的“总闸门”，是其他环境污染防治制度实施的基础性条件。如污染物排放总量控制制度是环境影响评价制度实施的前置性条件，是实施区域限批制度的依据，更是环境保护规划制度的重要内容。“不因存在污染减排执行中的具体问题而否定总量控制制度本身”[3]，环境污染防治目标的实现依然要寄希望于污染物排放总量控制制度的有效实施。

（二）环境影响评价制度

环境影响评价制度是环境影响评价活动的制度化、法定化，是通过立法形成的有关环境影响评价活动的一套制度措施。通过环境影响评价审批的前提是对新建、改建或扩建等项目对环境有没有影响进行各方面的论证，如果有负面影响就需要提出预防不良影响的相关防范措施和防治方案，如果措施或方案可行，那么环境保护部门就准许其通过环评审批。但实施此制度

---

〔1〕 青彩华：“基于污染减排的水体污染物排放总量分配方法研究”，郑州大学2013年硕士学位论文。青彩华指出：“我国污染物总量指标总体存在‘先占先得、多占多得、经济实力强地区占有环境指标多’的特点，大部分地区的污染物总量分配工作与区域环境质量挂钩少。”杨龙等：“水污染物排放总量控制的体系研究”，载《环境监测管理与技术》2008年第3期。杨龙指出我国水污染物排放总量控制方法体系存在没有将非点源污染纳入总量控制中、分配总量时缺乏不确定性分析等问题。

〔2〕 吴舜泽等：“综合动态辩证地看待总量控制制度”，载《中国环境报》2013年11月7日。

〔3〕 吴舜泽等：“综合动态辩证地看待总量控制制度”，载《中国环境报》2013年11月7日。

不会考虑这个环境单位的环境承受限度。而且环境影响评价报告书中对环境可能产生的危害预测具有不确定性。另外，“我国《环境影响评价法》中规定项目如果没有做环评可以补办环评，这样就会致使许多高能耗、高污染、自然资源利用消耗量大的产业往往先批后审，等它们建设起来之后再去做环评，因为这并不违反《环境影响评价法》的规定，因为《环境影响评价法》就是这么规定的，只有当你不补办才构成违法，这样一来，许多严重污染环境的项目就这样蒙混过关了”。[1]可想而知，这些企业的运行会排放多少污染物质，会对环境造成多少危害。还有，现行的环境影响评价制度只是对建设项目、规划等进行环评，并未对政策、立法等进行环评。但因后者的实施也会对环境造成负面影响，因此，在完善环境影响评价制度，特别是完善其环评对象的前提下，加强与污染物排放总量控制制度的协调与配合，对污染控制目标的实现、环境质量的改善有重要的意义。

上文在分析环境影响评价制度时，虽然指出其存在诸多的缺陷与不足，但其作为污染防治领域中的一项具体制度，与污染物排放总量控制的联系最为紧密，都是为应对愈演愈烈的环境污染问题而发挥应有的效用。从某种程度上说，环境影响评价制度与本书谈论的污染物排放总量控制制度中的几项重要制度存在某些类似的关系。对某一项目进行环境影响评价，其能否通过环评，在很大程度上不仅关注其项目本身对环境的负面影响，在更深层次上是关注某个环境单位内的环境容量的承载力，环评结果体现的就是排放量初始分配，某一环境单位内的排污主体是否有机会获得一定量的排污权，进而进行后续的诸

---

〔1〕 汪劲：《环境法治的中国路径：反思与探索》，中国环境科学出版社 2011 年版，第 11 页。

如排污配额交易等。2007 年，我国首次使用了“区域限批”的办法，其是作为环境影响评价制度的附属品，自然在应对环境污染防治方面具有一定的效用。其实施与环境影响评价制度一样，最终实施的结果都是体现为排放量的初始分配问题。所以，为实现污染防控的目标，改善环境质量，必须加强环境影响评价制度与污染物排放总量控制制度的协调与配合。

（三）环境容量的现实考虑

环境容量（Environment Capacity）其实并不是一个法律术语，而是环境科学中的一个固有称谓，其与纳污能力、允许纳污量、允许排放量这三个名词之间具有很大的关联性，但目前尚未有这四个名词规范、明确的定义。程声通在《水污染防治规划原理与方法》一书中对这四个概念进行了理清，指出“环境容量是人们对环境能够接纳污染物能力的统称，环境容量中可以被利用的一部分称为纳污能力，在污染防治规划中可以利用的那部分纳污能力称为允许纳污量。与允许纳污量对应的污染源的排放量称为污染物允许排放量。污染防治规划的一个重要任务就是实现从环境容量到允许排放量的转化。允许排放量的主体则是单个污染源或污染源的总和。为了保证环境质量，污染源的排放总量不得大于一定环境单位内的允许纳污量”。[1]

污染物排放总量控制制度必须要以环境容量为基础，此基础不仅是指理论基础，还是指实践基础。在污染物排放总量控制制度被运用到实践中时，必须要以某一流域、海域、区域等环境单位或环境空间内的环境容量为实践基础，严格控制住污染物排放的总量。之所以采用以环境容量为基础的污染物排放总量控制制度是因为“地球是一个有限的空间，这个空间的容

〔1〕 程声通：《水污染防治规划原理与方法》，化学工业出版社 2010 年版，第59 页。

纳能力、承受能力、自然物的再生能力等都有一定的极限"〔1〕。环境污染是一种放累性环境问题，"是人类向大自然排放生产、生活的废弃物而使环境不堪负累最终导致的"〔2〕。比如，海洋污染问题的产生。"古人云：海纳百川，有容乃大；壁立千仞，无欲则刚。每当形容人的惊人涵养或者事物的巨大容量时，大海总会第一个被我们所提及。"〔3〕但"海洋对人类生产生活所排放的污染物的容纳能力是有限的，这个有限的容纳能力决定了人类排放污染物在数量上和集中程度上的极限，也即海洋环境容量。海洋环境日益严重就是人类向海洋排放的污染超过海洋环境容量极限边界所致"。〔4〕同样，流域、湖泊等所能承受的纳污能力也是有极限的，一旦各排污单位向流域排放的各类污染物质的总量超出其可能承受的极限，水污染问题就产生了。如我国的淮河流域、海河流域等污染问题的产生就是因为污染物突破了其可以纳污的承载力。酸雨的产生是因为人类向空气中排放的二氧化硫等的数量已超过大气的自净能力和承载量，大气已无法再消化吸收多余的污染物质后不断累积以致产生了酸雨问题。

具体到污染防治问题，"从理论研究上说，一个区域到底能够承受多少企业的污染物，归结为环境容量问题"〔5〕。以前实行的大部分环境基本制度首要考虑的是这个项目或规划对环境

---

〔1〕 徐祥民主编：《环境与资源保护法学》，科学出版社 2008 年版，第 9 页。

〔2〕 徐祥民主编：《环境与资源保护法学》，科学出版社 2008 年版，第 7 页。

〔3〕 孙英杰、黄尧、赵由才主编：《海洋与环境——大海母亲的予与求》，冶金工业出版社 2011 年版，第 215 页。

〔4〕 于宜法、王殿昌：《中国海洋事业发展政策研究》，中国海洋大学出版社 2008 年版，第 80 页。

〔5〕 于雷、吴舜泽、徐毅："我国水环境容量研究应用回顾及展望"，载《环境保护》2007 年第 6 期。

有没有危害，如果有危害那么就采取相应的措施制止，很明显的一个例子就是环境影响评价制度。在现有的污染问题日益严重的情况下，如果忽视环境容量，而肆意地上马各项建设项目或通过有关规划，特别是那些可能对环境敏感区造成影响的大中型建设项；污染因素复杂，产生污染物种类多、产生量大、产生的污染物毒性大或难降解的建设项目，任由其排放废水、废气、废渣、粉尘、恶臭、噪声、震动、放射性物质、电磁波等不利影响的污染物质，一旦发生环保事故，其后果不堪设想。而且现阶段发生的污染事件的不断增长，其频发的最根本原因就在于污染企业排放的污染物质超出了此地区对此污染物质可容纳的最大极限，进而使之得以连续性爆发。爆发的环境事故都具有极大的危害性，不管是对人类的身体健康还是对环境资源本身。而且，由于环境损害后果具有持续性、复杂性、不可逆转性，一旦造成环境损害，不仅受害者难以获得有效的合理赔偿，受损的环境本身也难以恢复，即使受害者得到了合理的补偿，但要知道环境损害本身不因权利人的胜诉、受偿而自然得到救治，那是极其艰难的治理与恢复过程，而且有些环境问题甚至根本无法治理，即使花费再大的代价也难以恢复原本的环境状况。[1]对此，基于环境容量的视角，实施污染物排放总量控制制度，以及环境影响评价制度，并实现两者的衔接，是实现污染防治的重要举措。

（四）实现污染物排放总量控制制度与环境影响评价制度的制度衔接

“供与求”之间总是存在这样一种关系：当供大于求时，人们对物品的需求并没有那么渴望，且可以自由选择价格合理的

〔1〕 徐祥民主编：《环境法学》，北京大学出版社2005年版，第122页。

物品；当供小于求时，人们对物品的需求就显得非常渴望，不仅选择余地很少而且价格高昂。对于“允许排放的污染物总量”而言，因为其有一个范围边界，且不能突破，所以其是有限的、稀少的。所以，其供应必定也是有限的，然而各排污单位对其的需求却是无限的，在没有出现环境问题时，不存在这样棘手的问题，但在现在面临“环境危机”这不得不面对的现实，我们必须要对自然存在的环境承载力加以重视。因为，只有把各项活动（如排污单位排放污染物质的行为）与数量等控制在环境容量的范围内，环境污染问题愈演愈烈的态势才能得到控制，环境质量才能得到改善。

就污染物排放总量控制制度的实施而言，要以环境容量为基础，把污染物排放的总量限定于环境容量的极限范围内，处理好“极限与分配”的关系。具体到实施环境影响评价制度时，对某一项目进行环境影响评价，其能否通过环评，很大程度上不仅关注其项目本身对环境的负面影响，更深层次是关注某个环境单位或环境空间内的环境容量的承载力。环评结果体现的就是排放量初始分配，即某一环境单位内的排污主体是否有机会获得一定量的排污权，进而进行后续的诸如排污配额交易等活动。2007 年，我国首次使用了“区域限批”的办法，其是作为环境影响评价制度的附属品，自然在应对环境污染防治方面具有一定的效用，其实施与环境影响评价制度一样，最终实施的结果都是排放量的初始分配问题。所以，为实现污染防控的目标，改善环境质量，需加强环境影响评价制度与污染物排放总量控制制度之间的协调与配合。对他们的实施做另外思考，即在实施时需要考虑环境单位的环境容量或承受极限，而不管新、改、扩建项目或规划是否危害环境，现关注的是环境单位的承受能力。

早在2005年12月3日，国务院发布的《关于落实科学发展观加强环境保护的决定》（国发［2005］39号）第21条就规定“对超过污染物总量控制指标的地区，暂停审批新增污染物排放总量的建设项目。对生态破坏严重或者尚未完成生态恢复任务的地区，暂停审批对生态有较大影响的建设项目”。2007年5月23日，国务院发布的《国务院关于印发节能减排综合性工作方案的通知》（国发［2007］15号）提出“把总量指标作为环评审批的前置性条件。上收部分高耗能、高污染行业环评审批权限。对超过总量指标、重点项目未达到目标责任要求的地区，暂停环评审批新增污染物排放的建设项目”。2008年新修订的《水污染防治法》第18条第4款规定：“对超过重点水污染物排放总量控制指标的地区，有关人民政府环境保护主管部门应当暂停审批新增重点水污染物排放总量的建设项目的环境影响评价文件。”2008年12月召开的全国环境影响评价工作会议上，原环境保护部部长周生贤就强调，严格落实总量控制要求，把污染物排放总量指标作为区域、行业和企业发展的前提条件。2009年10月1日实施的《规划环境影响评价条例》第30条规定：“规划实施区域的重点污染物排放总量超过国家或者地方规定的总量控制指标的，应当暂停审批这一规划实施区域内新增重点污染物排放总量的建设项目的环境影响评价文件。”2011年，《国务院关于加强环境保护重点工作的意见》提出：“把主要污染物排放总量控制指标作为新改扩建项目环境影响评价审批的前置条件。”2014年新修订的《环境保护法》第44条第2款规定：“对超过国家重点污染物排放总量控制指标或者未完成国家确定的环境质量目标的地区，省级以上人民政府环境保护主管部门应当暂停审批其新增重点污染物排放总量的建设项目环境影响评价文件。”在地方，“早在2007年8月，云南省环保局就发出通知，要求加强对建设项目主要污染物排放的管理，把主要污染物排放总量控制作为环评审批的前置条件"[1]。"2008年6月，广东省环保局发布的《关于实行建设项目环保管理主要污染物排放总量前置审核制度的通知》明确提出，对于主要污染物排放总量超过总量控制指标，或污染物排放总量超过环境容量、大气环境或纳污水体达不到功能区划要求又无污染物总量区域削减措施的地区，暂停审批该地区新增污染物排放总量的建设项目。"[2]

加强污染物排放总量控制制度与环境影响评价制度的协调、配合，以及衔接，各环境行为主体需本着环境法的预防性原则，在最大的纳污限度内进行排污和上马新改扩建设项目。"如果一个环境单位的环境容量已达到极限，则不可以再接纳污染物，就需要暂停向该环境单位排放污染物。"[3]这样，任何新建、扩建的项目都不能再得到审批，将它们"直接'堵'在环境影响评价程序的入口处"[4]。只有当这个环境单位有环境容量，才能解除限制，审批通过相关建设项目的环境影响评价申请。具体而言，就是在科学测算出环境单位的环境容量的基础之上，规定此环境单位承受的最大纳污量，一切建设项目或规划决不允许突破总量控制目标，在有容量的情况下可申请环境影响评价；反而对于所有超过环境容量总量控制指标的地区，将会暂停审批该环境单位内所有的除污染防治、循环经济及生态恢复

---

〔1〕黄婷婷："总量控制为何成为环评前置条件?"，载《中国环境报》2011年11月8日。

〔2〕黄婷婷："总量控制为何成为环评前置条件?"，载《中国环境报》2011年11月8日。

〔3〕吴治兵："区域限批制度研究"，中国地质大学2010年硕士学位论文。

〔4〕曾贤刚等："规划环评条例促'区域限批'走向成熟"，载《环境保护》2010年第4期。

外的建设项目或规划等，直到此环境单位有剩余环境容量，区域限批才得以解除，环保部门对建设项目、规划的环境影响评价申请才能得以通过。总之，污染物排放总量控制应是环境影响评价审批的前置条件，环境影响评价制度的有效运用可成为完成污染物排放总量削减任务的重要保障。

污染物排放总量控制作为环境影响评价审批的前置条件，解决在各项建设项目、规划等投产、实施前一阶段的管制，而在建设项目、规划等正式运行或实施之后，更应该严格控制住污染物的排放总量。“在生产、流通、消费活动中，通过生态设计、投入资源的减量化以及废弃物的循环利用等技术手段，提高资源的利用率，减轻污染负荷、达到节约资源、保护环境的目的。”[1]对此，污染物排放总量控制制度需要与清洁生产机制、循环经济中的主要制度相协调与配合。《清洁生产促进法》经修改后扩大了实施强制性清洁生产审核的企业范围，规定“污染物排放超过国家和地方规定的排放标准，或者虽未超过国家和地方规定的排放标准，但超过重点污染物排放总量控制指标”的企业应实施强制性清洁生产审核。此外，修订后的法律还明确政府制定实施清洁生产推行规划的责任。这些修改之后的法律规定，突出了清洁生产机制与污染物排放总量控制制度的关联性。在清洁生产实施过程中，采取一切有效的举措，严格控制住新增污染物的排放量，对污染物排放总量控制制度的有效贯彻落实具有重要的意义。对此，各环境单位内的环境管理机构和环境保护主管部门应完善激励机制，如逐步建立与市场经济相适应的环保投融资机制，通过制定优惠政策、财政补贴、项目补助和资本金注入等措施，调动排污单位承担环境社

〔1〕徐祥民主编：《环境与资源保护法学》，科学出版社2008年版，第189页。

会责任的积极性，逐渐采用先进、清洁的生产工艺，改进生产方式，清洁生产，进而改变其对生态环境可能产生的污染与破坏行为。《循环经济促进法》中有诸多的制度措施，如循环经济促进责任制度，循环经济规划制度，鼓励、限制、禁止目录制度，重点企业资源节约和循环利用的定额管理制度，环境信息公开制度等，这些制度措施在相当程度上与污染物排放总量控制制度有一定的关联性。因此，在开展循环经济的发展过程中，应采用一切有利的制度措施，调整经济结构，转变发展方式，改变人们的消费方式和观念意识等，严格控制住污染物排放的总量，尽量不增加新的排放量。只有这样，污染物排放总量控制制度采用在实践中才能真正做到行之有效化，实现污染控制的目标和环境质量的改善。

三、"区域限批"向"总量限批"的转化

"区域限批"是环保部门基于环境问题的严重性不得已而采取的惩罚措施。自2007年在全国范围内首次实施以来，其没有发挥应有的效果，原因在于"区域限批"处在事后治理阶段，为补救措施；未以环境容量为实施前提；将暂停审批环评文件作为唯一的限批方式，收效甚微；实施范围狭窄，缺乏具体的实施细则。基于此，本书提出限批应从"区域限批"向"总量限批"转化，以环境总量、资源承载力为实施前提；采用分类管理的限批政策；增加限批适用的事务、手段和空间范围；完善法律保障体系；与总量控制、环境影响评价、环境许可等其他环境制度互相协调、配合，提高环保准入门槛，从事后处理阶段上升到事前预防阶段，共同应对环境问题的治理。

（一）"区域限批"的由来

2007年1月10日，原国家环保总局在全国范围内首次使用

“区域限批”办法，通报了82个严重违反环评和“三同时”制度的钢铁、电力、冶金等项目，对唐山市、吕梁市、莱芜市、六盘水市4个城市及4家电力企业处以“区域限批”的制裁。紧跟其后的是同年的7月3日，原国家环保总局对长江、黄河、淮河、海河四大流域部分水污染严重、环境违法问题突出的6市2县5个工业园区实行“流域限批”，对流域内32家严重污染企业及6家污水处理厂实行“挂牌督办”。从此，“区域限批”进入大众视野，无论是环保部门，还是学者，更或是媒体对这一新的政策都给予了诸多关注。

其实，在原国家环保总局于2007年在全国范围内首次实施“区域限批”之前，已有的部分规范性法律文件便已提及了此措施的相关规定。2003年9月15日，原国家环保总局、国家发改委发布了《关于加强燃煤电厂二氧化硫污染防治工作的通知》。通知规定：“对无正当理由未实施或未按期完成国家确定的燃煤电厂二氧化硫污染防治项目的地区，不再审批该地区的新建、改建和扩建项目。”2005年7月8日，国家发改委发布的《国家钢铁产业政策》（国家发改委令第35号）规定：“在重要环境保护区、严重缺水地区和大城市市区，不再扩建钢铁冶炼生产能力。”2005年12月3日，国务院发布的《关于落实科学发展观加强环境保护的决定》（国发［2005］39号）第13条规定：“在大中城市及其近郊，严格控制新（扩）建除热电联产外的燃煤电厂，禁止新（扩）建钢铁、冶炼等高耗能企业。”第21条规定：“对超过污染物总量控制指标的地区，暂停审批新增污染物排放总量的建设项目。对生态破坏严重或者尚未完成生态恢复任务的地区，暂停审批对生态有较大影响的建设项目。”2005年12月15日，原国家环保总局发布的《关于加强环境影响评价管理防范环境风险的通知》（环发［2005］152号）规定：

"未开展规划环境影响评价的，各级环保部门原则上不得受理上述园区、基地区域范围内的建设项目环境影响评价文件。"2006年12月18日，国家发改委等发布的《关于印发清理和督查新开工项目工作情况报告的通知》规定："发改委将会同有关部门，加强对各地执行新开工项目条件的监督检查，对各项建设程序执行不力的地区，将采取暂停项目审批（核准），暂停安排国家投资等惩罚措施。"

在提出并实践"区域限批"措施之后，2008年新修订的《水污染防治法》（2008年修订）规定了水污染防治领域中的"区域限批"。该法第18条第4款规定："对超过重点水污染物排放总量控制指标的地区，有关人民政府环境保护主管部门应当暂停审批新增重点水污染物排放总量的建设项目的环境影响评价文件。"2010年12月31日发布的《中共中央国务院关于加快水利改革发展的决定》第一次提出限批建设项目新增用水，规定"严格取水许可审批管理，对取用水总量已达到或超过控制指标的地区，暂停审批建设项目新增用水；对取用水总量接近控制指标的地区，限制审批新增取水"[1]。2011年11月1日实施的《太湖流域管理条例》（国务院令第604号）第18条第2款规定："对取水总量已经达到或者超过取水总量控制指标的，不得批准建设项目新增取水。"这是在行政法规层面第一次规定限批建设项目新增用水。2012年2月27日，工信部公布的《工业节能"十二五"规划》要求"对于未完成年度节能目标的地方，其新上高耗能项目采取区域限批措施"，"这是工信部首次在官方文件中，将环保领域的'环评区域限批'引入工业节能领域，且'区域限批'不仅覆盖新送审项目，还针对已纳入国

---

〔1〕《中共中央国务院关于加快水利改革发展的决定》。

家级行业规划的项目”[1]。2014年修订，2015年元旦实施的《环境保护法》第44条第2款规定：“对超过国家重点污染物排放总量控制指标或者未完成国家确定的环境质量目标的地区，省级以上人民政府环境保护主管部门应当暂停审批其新增重点污染物排放总量的建设项目环境影响评价文件。”

一些地方还专门出台了环评限批的规范性文件，如《河北省环境保护局环境保护挂牌督办和区域限批试行办法》《广西壮族自治区建设项目环境影响评价文件区域限批暂行办法》，2008年8月15日公布实施的《青岛市环境保护局关于实施环评区域限批的通知》（青环发［2008］145号）等。

（二）“区域限批”的局限性

自原国家环保总局于2007年首次在全国范围内实施“区域限批”措施开始，据竺效在《论新〈环境保护法〉中的环评区域限批制度》一文中统计，截至2013年年底，国务院环境行政主管部门共实施过20多批次的区域限批，截至2013年8月，省级环境保护主管部门在其辖区内共实施过12批次的区域限批。[2] 2014年6月12日环保部通报，决定对黑龙江鸡西等5个地市实施区域限批，对河北承德上板城工业聚集区白河南污水处理厂等18家污水处理厂，以及沈阳华润热电公司等19家公司实行挂牌督办。[3]这是自“区域限批”被写入新《环境保护法》并通

[1] “高耗能项目引入区域限批　节能未达标或遭审批‘连坐’”，载http://news.xinhuanet.com/fortune/2012-02/28/c_122762713.htm，访问时间：2016年4月1日。

[2] 竺效：“论新《环境保护法》中的环评区域限批制度”，载《法学》2014年第6期。

[3] “华润电力脱硫造假 骗取国家补助超千万”，载http://news.xinhuanet.com/energy/2014-06/14/c_126618267.htm，访问时间：2016年11月8日。

过后，环保部首次动用该手段，[1]在一定程度上解决了部分地区违法违规现象，缓解了地方日益严重的环境问题。但总体上来说，“区域限批”的实施并未达到预期的目标，没有真正地发挥实效。阻碍其有效实施的限制性因素包括以下几个方面：

第一，“区域限批”处在事后治理阶段，为补救措施。从规范性文件的规定中、从已实施的“区域限批”措施中、从普遍被接受的“区域限批”定义中可知，“区域限批”措施处在环境保护中的事后治理阶段，是在已经发生了环境违法行为、污染问题已经产生、污染物排放总量已经超标的情况下而被采用的补救措施。在全国范围内首次实施区域限批政策的原因在于2006年年初国务院提出能耗降低4%、主要污染物排放降低2%的约束性目标没有实现，[2]原环保总局迫于压力不得已而用之。同样，由于当年入夏之后，太湖、滇池、巢湖的蓝藻接连爆发，进入了水污染密集爆发阶段，所以原国家环保总局再次高擎“区域限批”的利剑。[3]之后，国务院环境行政主管部门、省级环境保护主管部门实施的区域限批都是在环境问题已经产生的条件下采取的。而且“区域限批”的整改要求也不足以有效地解决环境问题。如2007年原环保总局对四大流域进行“流域限批”，要求38家企业挂牌督办，做出的整改要求基本为“责令限期整改”“责令停产整治”“追缴排污费”“补办环评和验收手续”等，只要求山东省德州市武城县郝王庄乡造纸厂一家“责令关闭”，鼎金焦化有限责任公司、安徽含山县皓天铸业有

---

〔1〕“环保部开出今年区域限批最大罚单”，载 http://finance.qq.com/a/20140613/000548.htm，访问时间：2016年11月8日。

〔2〕武卫政：“‘区域限批’能否打在痛处?”，载《环境经济》2007年第3期。

〔3〕梁江涛：“‘区域限批’不应是环保局独角戏”，载《环境经济》2007年第8期。

限公司、巢湖鑫泰钢铁股份有限公司三家"责令关闭，恢复原状"，约占总数38家的10.53%，剩余的34家在解除限批之后仍然可以继续进行生产，且不能保证其日后能否按标准排污、不会再对已脆弱的环境构成威胁。所以，"区域限批"极易被打上"权宜之计""雷声大雨点小"的标签。

第二，"区域限批"未以环境容量为实施前提。2005年年底发布的《国务院关于落实科学发展观加强环境保护的决定》第21条规定："对超过污染物总量控制指标的地区，暂停审批新增污染物排放总量的建设项目。"2008年修订的《水污染防治法》规定了水污染防治领域中的"区域限批"。该法第18条第4款规定："对超过重点水污染物排放总量控制指标的地区，有关人民政府环境保护主管部门应当暂停审批新增重点水污染物排放总量的建设项目的环境影响评价文件。"2009年10月通过的《规划环境影响评价条例》第30条规定："规划实施区域的重点污染物排放总量超过国家或者地方规定的总量控制指标的，应当暂停审批这一规划实施区域内新增重点污染物排放总量的建设项目的环境影响评价文件。"2014年修订，2015年元旦实施《环境保护法》第44条第2款规定："对超过国家重点污染物排放总量控制指标或者未完成国家确定的环境质量目标的地区，省级以上人民政府环境保护主管部门应当暂停审批其新增重点污染物排放总量的建设项目环境影响评价文件。"通过上述规定可知，"区域限批"适用的条件之一是该限批地区如果超过国家重点污染物排放总量控制指标，或者新修订《环境保护法》规定的未完成国家确定的环境质量目标，有关人民政府环境保护主管部门就应当暂停审批重点污染物排放总量的建设项目的环境影响评价文件。但"现实中我国环保行政管理部门实施的区域限批的前提条件并非如此，其着眼点在于惩罚，之所以采取限批是因为存在违法行为"[1]，至于该地区是否超过重点污染物排放总量控制指标或者未完成国家确定的环境质量目标并不是首要考虑的内容。而且我国确定的重点污染物排放总量控制指标是不科学的，总量控制中的"总量"并不是环境容量而是目标总量。其不是将污染物排放总量限制在某一环境单位或环境空间的环境容量极限允许的范围内，而"只是将污染物排放总量控制在规划期环境目标允许的范围内"[2]，并没有考虑"污染物排放到环境中的累积效应，也未考虑环境承受污染物的自然承载能力"[3]，更没有与环境质量直接挂钩。最重要的事实是，我国污染物排放总量已明显超过环境容量的极限。如孟伟院士在杭州科协第七届学术年会特邀报告会——"生态文明与水环境保护策略"——上指出："我们水环境问题，突出表现在我们的排放总量明显超过水环境的承载力，就是我们说的水环境容量……看一下排放量和承载能力的差别，我们研究院有个大致的测算，这是10年以前的测算，我们说中国的水资源、水环境的质量要求，按照质量标准衡量，我们的承载能力大概是740万吨COD，氨氮是不到30万吨，但我们2011年全国第一次污染源普查公布的结果，COD排放量是3000万吨以上，比740万吨高了好几倍，氨氮排放接近150万吨，比不到30万吨也高了好几倍，所以导致我们的资源支撑不了，环境容纳不下，排放的污染物太多了，环境里面没有这个存储

〔1〕 吕成："论区域限批的性质界定"，载《河南社会科学》2012年第3期。

〔2〕 海热提编著：《环境规划与管理》，中国环境科学出版社2007年版，第408页。

〔3〕 黄秀清等：《乐清湾海洋环境容量及污染物总量控制研究》，海洋出版社2011年版，第416页。

的空间了，过量。”[1]此外，污染物排放总量控制的对象、适用范围有限，其并不是对所有可能造成环境污染的污染物质进行总量控制，也不是对所有的流域、海域、区域进行总量控制，而是根据一定的原则对优选确定的主要污染物和重点流域、海域、区域进行排放总量控制。

第三，“区域限批”将暂停审批环评文件作为唯一的限批手段，收效甚微。按照我国现在对“区域限批”的普遍解释可知，“区域限批”实施的前提是一家企业或一个地区出现了严重环保违规的事件，实施主体——环保部门——不得已采取的补救措施，限批手段是责令在整改个别严重环保违规项目期间暂停审批除污染防治、循环经济及生态恢复以外该企业或地区所有新、改、扩建项目环境影响评价文件，直到完成整改。这一限批手段是“区域限批”唯一的，前文所提及的规定了“区域限批”一系列规范性文件基本上都将暂停审批环境影响评价文件作为唯一的限批手段，大都表述为“……暂停审批其新增重点污染物排放总量的建设项目环境影响评价文件”。如2008年新修订的《水污染防治法》第18条第4款规定：“对超过重点水污染物排放总量控制指标的地区，有关人民政府环境保护主管部门应当暂停审批新增重点水污染物排放总量的建设项目的环境影响评价文件。”2009年通过实施的《规划环境影响评价条例》第30条规定：“规划实施区域的重点污染物排放总量超过国家或者地方规定的总量控制指标的，应当暂停审批这一规划实施区域内新增重点污染物排放总量的建设项目的环境影响评价文件。”2014年修订，2015年元旦实施的《环境保护法》第44条

[1] 孟伟：“生态文明与水环境保护策略——孟伟院士在科协第七届年会上作特邀学术报告”，载 http://www.chem17.com/news/Detail/60402.html，访问时间：2016年4月10日。

第2款规定："对超过国家重点污染物排放总量控制指标或者未完成国家确定的环境质量目标的地区，省级以上人民政府环境保护主管部门应当暂停审批其新增重点污染物排放总量的建设项目环境影响评价文件。"虽然在资源保护领域，2010年12月31日发布的《中共中央国务院关于加快水利改革发展的决定》第一次提出限批建设项目新增用水，但因为没有真正实施，故暂停审批环境影响评价文件还是唯一的限批手段。在研究领域，学者们如曹树青就指出"环境影响评价是区域限批制度的基础和平台，环评是手段是抓手，限批是结果"[1]，竺效直接称其为"环评区域限批"[2]。如果"区域限批"只局限于暂停审批环境影响评价文件这唯一的限批手段，是不能真正发挥实效的。环境影响评价制度是指在进行建设活动之前，对建设项目的选址、设计和建成投产使用后可能对周围环境产生的不良影响进行调查、预测和评定，提出防治措施，并按照法定程序进行报批的一项法律制度。简单地说，通过环境影响评价审批的前提就是新建、改建或扩建等项目对环境有没有影响进行各方面的论证，如果有负面影响就需要提出预防不良影响的相关防范措施和防治方案等，如果措施或方案可行，那么环境保护部门就准许其通过环评审批，其根本不会考虑这个环境单位的环境承受限度。况且，环境影响评价报告书对环境可能产生的危害预测具有不确定性。另外，我国《环境影响评价法》规定"项目如果没有做环评可以补办环评"，这样就会致使许多高能耗、高污染、自然资源消耗量大的产业往往先批后审，等它们建设起

[1] 曹树青："区域限批制度的法律解读"，载《西部法学评论》2009年第2期。

[2] 竺效："论新《环境保护法》中的环评区域限批制度"，载《法学》2014年第6期。

来之后再去做环评，因为这并不违反《环境影响评价法》的规定，因为《环境影响评价法》就是这么规定的，只有当你不补办才构成违法。这样一来，许多严重污染环境的项目就这样蒙混过关了。[1]所以，区域限批以这么一项不考虑环境容量的制度作为唯一的限批方式，其只能是一项补救措施，不会真正产生解决环境问题的作用。

第四，“区域限批”的实施范围狭窄，缺乏具体的实施细则。“区域限批”现会主要适用于污染防治领域，环境保护中的其他领域没有涉及。虽然在资源保护领域，2010 年 12 月 31 日发布的《中共中央国务院关于加快水利改革发展的决定》第一次提出限批建设项目新增用水。2011 年 11 月 1 日实施的《太湖流域管理条例》（国务院令第 604 号）在行政法规层面第一次规定限批建设项目新增用水。2012 年 1 月 12 日，国务院发布的《国务院关于实行最严格水资源管理制度的意见》（国发［2012］3 号）再次提出限批建设项目新增用水。但实践中各级主管部门并没有真正地采取这一举措。在节能领域，2012 年 2 月 27 日，工信部公布的《工业节能“十二五”规划》要求“对于未完成年度节能目标的地方，其新上高耗能项目采取区域限批措施”。这是工信部首次在官方文件中将环保领域的“环评区域限批”引入工业节能领域，但也没有得到真正的实施。此外，虽然前文所提及的一系列规定确定了“区域限批”的规范性文件，但基本是原则性规定，不能为“区域限批”措施提供最基本的法律保障，缺乏具体的实施细则。如区域限批实施的前提条件、适应的范围、整改要求、解禁的标准、法律责任等在现有的规范性文件中都无法找到明确的答案。实施“区域限

［1］汪劲：《环境法治的中国路径：反思与探索》，中国环境科学出版社 2011 年版，第 11 页。

批”的主体——环境保护部门——地位十分尴尬。“严格来说，目前的区域限批制度所涉及的利益衡量问题并不是表面的纯粹的法律问题。而是潜在的更深层次上的环境保护与经济发展的博弈，区域限批作为牵扯众多利益的政策，有关环保部门在行权过程中最大的障碍来自于地方政府的压力。”〔1〕地方政府具有普遍的地方保护主义和“唯 GDP”的狭隘眼界，必然阻碍环保部门的决策与执行。

（三）“总量限批”的设计思想

环境问题的产生是“因为人类活动及其影响超出了环境能力或环境承受力的极限而出现的后果”〔2〕。环境保护的本质是处理“有限的环境能力与事实上已经超出或在局部已经超出环境能力的人类需求之间的关系问题”。〔3〕应对环境问题，保护环境的唯一办法是要求人类在自然界设定的极限范围内承担相应的义务，做出必要的牺牲。“区域限批”正是环保部门基于环境问题的严重性不得已而采用的方法。但随着人类一次又一次地冲破或正在冲破自然的极限，现实行的“区域限批”措施不足以发挥实效，唯有使“区域限批”向“总量限批”转化，以环境总量、资源承载力为实施前提，从事后处理阶段上升到事前预防阶段，才是必由之路。

汪劲于 2006 年在北京大学出版社出版的《环境法学》一书中就指出“环境容量应是区域限批衡量的重要指标”〔4〕。朱谦教授在研究对特定企业集团实行环评限批时提出：“现阶段的环

---

〔1〕 韩冰：“《水污染防治法》中区域限批制度的几点思考”，载《环境科技》2011 年第 4 期。

〔2〕 徐祥民：《环境与资源保护法学》，科学出版社 2008 年版，第 9 页。

〔3〕 于雷、吴舜泽、徐毅：“我国水环境容量研究应用回顾及展望”，载《环境保护》2007 年第 6 期。

〔4〕 汪劲：《环境法学》，北京大学出版社 2006 年版，第 74 页。

评限批应该以污染物总量控制作为对特定企业集团的新建项目环评文件是否审批的依据。将环评限批作为建设项目环评文件许可的一个法定消极条件，此条件的适应前提只能是与区域环境质量关联。”[1]于淑文、李百齐教授在分析加强海岸带管理时主张将海岸带开发限制在合理的限度之内，其思想基础也是环境极限。他们认为：“造成目前海岸带地区生态环境恶化的主要原因是对海岸带的过度开发，这包括工业企业在海岸带的无限制扩张，围海造地的无序进行，浅海和滩涂养殖和开发的无度。”[2]而要解决这些问题需明白：“事物的发展都要有‘度’，用海行为也要有‘度’。须知在一定海域、一定海岸线承受的开发力度是有限的，人类在海洋开发中，一定要循海洋自身之理，守海洋所能容纳之度，即按照海洋自身的容纳能力、承受能力决定人类的用海活动。对此，应严格控制高污染企业在沿海地区的扩张，对沿海地区新建项目和海岸开发项目进行严格的环境影响评估。”[3]

在污染防治领域，“总量限批”中的“总量”是指某一环境单位一定时间段内可承受的最大纳污量。只要某一环境单位还有纳污空间，即可开展新、改、扩建项目。反之，如果纳污容量已达极限，则不可以再接纳任何污染物，就需要暂停限批该环境单位内所有的除污染防治、循环经济及生态恢复外的建设项目或规划等，直到此环境单位有剩余纳污量，“区域限批”才能得以解除。在资源保护方面，“总量限批”中的“总量”

---

[1] 朱谦：“对特定企业集团的环评限批应谨慎实施——从华能集团、华电集团的环评限批说起”，载《法学》2009年第8期。

[2] 于淑文、李百齐：“以科学发展观为指导　大力加强海岸带管理”，载《中国行政管理》2008年第12期。

[3] 于淑文、李百齐：“以科学发展观为指导　大力加强海岸带管理”，载《中国行政管理》2008年第12期。

是指某一自然资源的最大可利用量，如某一资源有充足的可利用量，可以进行取水、捕鱼、砍伐、用地、开采矿产等。反之，则限批一切利用自然资源的环境行为，直到有剩余可利用量。其实，现有一部分以环境容量、资源承载力为实施前提的环境制度措施，如渔业捕捞限额制度，因为渔业资源的过度利用和捕捞强度超过渔业资源的再生能力，使海洋渔业资源陷入了日益枯竭的境地。因此，渔业发达国家对海洋渔业资源采取产出控制管理制度，通过总量的控制来约束捕捞水平，也就是通过限制可捕捞的鱼的条数或重量来直接控制渔获量，首先确定每个目标种类当年的可捕量，一旦达到该可捕量，该年度对该种类的捕捞作业即告结束。〔1〕再比如，排污配额交易制度。其是某一流域、海域、区域等环境单位内的环境保护主管部门在准确测算此流域、海域、区域等环境单位内的纳污容量、科学进行排放量初始分配的前提下，在各流域、海域、区域等环境单位内建立排污配额交易平台，合理确定排污配额交易的主体，依据市场的运行机制制订合理的交易规则、交易价格机制，并明确交易程序等条件下，允许各排污主体将获得的排放量在二级市场像商品那样进行交易，以实现污染物排污总量合理配置和其顺利进行的制度措施。排污总量是排污配额交易的上限，交易排污总量不能超过某一环境单位在某一时段的纳污总量。再如，建设用地总量控制制度、耕地总量动态平衡制度、草畜平衡制度、特定矿种开采总量控制制度等分别以土地的承载力、草地的承载力、特定矿种的储存量等为基础。

在实施“总量限批”的过程中要采用分类管理的限批政策。《国务院关于落实科学发展观加强环境保护的决定》根据不同区

〔1〕“配额捕捞制度”，载 http://baike.baidu.com/view/2194834.htm，访问时间：2016 年 4 月 11 日。

域的资源禀赋、环境容量、生态状况、人口数量以及国家发展规划和产业政策，把全国划分为“环境容量有限、自然资源供给不足而经济相对发达的地区”，“环境仍有一定容量、资源较为丰富、发展潜力较大的地区”，“在生态环境脆弱的地区和重要生态功能保护区”，“在自然保护区和具有特殊保护价值的地区”四类生态区域。[1]《国民经济和社会发展第十一个五年规划纲要》根据资源环境承载能力、现有开发密度和发展潜力，统筹考虑未来我国人口分布、经济布局、国土利用和城镇化格局，将国土空间划分为优化开发、重点开发、限制开发、禁止开发四类空间开发区域。[2]在环境资源的承载能力前提下，应对这四类执行不同的限批标准。

“总量限批”要增加限批适用的事务、手段和空间范围。在事务范围方面，总量限批不仅要适用于污染防治，还要扩展到资源保护、生态保护、环境退化等方面。现在资源保护领域，已经提出并规定限批建设项目新增用水。在建设用地审批、森林采伐、矿产资源开采、渔业捕捞、草地放牧等方面也应发挥作用。手段范围是指总量限批不仅采用暂行审批环境影响评价文件，还要采用暂停审批各类自然资源利用许可证等限批方式。空间范围是指总量限批不能只局限于国家和省级层面，应扩展到各地区。

“总量限批”的运行需要完善的法律保障。现行《水污染防治法》、新修订的《环境保护法》等已有原则性规定，建议在修订《大气污染防治法》《海洋污染防治法》《土壤污染防治法》以及其他资源保护方面等规范性文件中也增加总量限批制度的相关规定，使其具有合法性身份，同时出台一部详尽的实施细

---

〔1〕《国务院关于落实科学发展观加强环境保护的决定》。

〔2〕《国民经济和社会发展第十一个五年规划纲要》。

则，保障其在运行过程中有明确的法律执行依据和确定的执行程序。

"总量限批"与总量控制、环境影响评价、环境许可等其他环境制度要互相协调、配合，提高环保准入门槛，共同应对环境问题的治理。在这些制度措施中，总量控制制度应成为"总量限批"实施的基础、环评审批的前置性条件[1]、环境许可的制约因素等。

---

〔1〕《国务院关于印发节能减排综合性工作方案的通知》（国发［2007］15号）。

参考文献

一、著作

[1] [美] R. 艾伦著，黄宏慈、杜秀英、袁清林译:《救救世界——全球生物资源保护战略》，科学出版社 1984 年版。

[2] [美] 唐奈勒·H. 梅多斯、丹尼斯·L. 梅多斯、约思·兰德斯，赵旭、周欣华、张仁俐译:《超越极限——正视全球性崩溃，展望可持续的未来》，上海译文出版社 2001 年版。

[3] [美] 德内拉·梅多斯、乔根·兰德斯、丹尼斯·梅多斯著，李涛、王智勇译:《增长的极限》，机械工业出版社 2013 年版。

[4] 实现“十一五”环境目标政策机制研究课题组编著:《中国污染减排战略与政策》，中国环境科学出版社 2008 年版。

[5] 徐祥民:《环境法学》，北京大学出版社 2005 年版。

[6] 汪劲:《环境法学》，北京大学出版社 2006 年版。

[7] 海热提:《环境规划与管理》，中国环境科学出版社 2007 年版。

[8] 徐祥民:《环境与资源保护法学》，科学出版社 2008 年版。

[9] 于宜法、王殿昌:《中国海洋事业发展政策研究》，中国海洋大学出版社 2008 年版。

[10] 程声通:《水污染防治规划原理与方法》，化学工业出版社 2010 年版。

[11] 王清军:《排污权初始分配的法律调控》，中国社会科学出版社 2011 年版。

[12] 黄秀清、姚炎明:《乐清湾海洋环境容量及污染物总量控制研究》,海洋出版社 2011 年版。

[13] 孙英杰、黄尧、赵由才:《海洋与环境——大海母亲的予与求》,冶金工业出版社 2011 年版。

[14] 汪劲:《环境法治的中国路径:反思与探索》,中国环境科学出版社 2011 年版。

[15] 杨永生、许新发、李荣昉:《鄱阳湖流域水量分配与水权制度建设研究》,中国水利水电出版社 2011 年版。

[16] 徐祥民:《中国环境法制建设发展报告(2010 年卷)》,人民出版社 2013 年版。

二、学位论文

[1] 申金花:“中日森林保护若干法律制度的比较研究”,东北林业大学 2003 年硕士学位论文。

[2] 张焕强:“河北省草原生态保护的问题与对策研究”,中国农业大学 2005 年硕士学位论文。

[3] 李明:“完善我国森林采伐管理制度的研究”,东北林业大学 2007 年硕士学位论文。

[4] 李蕾:“我国森林采伐法律制度研究”,东北林业大学 2008 年硕士学位论文。

[5] 于铭:“中美水污染物排放总量控制法律制度比较研究”,中国海洋大学 2009 年硕士学位论文。

[6] 王祥芳:“排污权的法律性质和初始分配制度研究”,苏州大学 2010 年硕士学位论文。

[7] 罗阳:“流域水体污染物最大日负荷总量控制技术研究”,浙江大学 2010 年硕士学位论文。

[8] 王蕾:“臭氧层保护国际法律制度研究”,中国海洋大学 2010 年硕士学位论文。

[9] 梁睿:“美国清洁空气法研究”,中国海洋大学 2010 年博士学位论文。

[10] 吴治兵:“区域限批制度研究”,中国地质大学 2010 年硕士学位

论文。
[11] 白洋:“渔业配额法律制度研究”,中国海洋大学 2011 年博士学位论文。
[12] 刘明:“我国森林资源采伐限额管理制度改革研究”,河北农业大学 2012 年硕士学位论文。
[13] 吴涛:“国外典型森林经营模式与政策研究及启示”,北京林业大学 2012 年硕士学位论文。
[14] 陈静亚:“超标排放水污染物行为的法律责任研究”,苏州大学 2012 年硕士学位论文。
[15] 青彩华:“基于污染减排的水体污染物排放总量分配方法研究”,郑州大学 2013 年硕士学位论文。
[16] 白金:“我国主要污染物总量控制体系分析”,内蒙古大学 2013 年硕士学位论文。

三、期刊论文

[1] 蔡贻谟、黄淑贞:“关于日本的水质总量控制标准”,载《环境保护科学》1980 年第 3 期。
[2] 王建、张金生:“日本水质污染总量控制及其方法”,载《湖北环境保护》1981 年第 4 期。
[3] 唐启升:“如何实现海洋渔业限额捕捞”,载《海洋渔业》1983 年第 4 期。
[4] 候瑞义、姜成义:“关于制定和实施年森林采伐限额问题的几点浅见”,载《林业勘查设计》1986 年第 4 期。
[5] 邵青还:“从德国森林规章制度的发展看我国制定地方森林法或森林法地方执行细则的必要性”,载《世界林业研究》1989 年第 4 期。
[6] 白云、王静斌:“控制水污染的有效途径——污染物排放总量控制”,载《地域研究与开发》1990 年第 2 期。
[7] 祝兴祥、骆建明:“中国排污许可证制度的产生、发展及现状”,载《世界环境》1991 年第 1 期。
[8] 陈永贵:“德国的森林资源及林政管理——赴德国培训学习札记”,载

《云南林业》1994年第2期。
[9] [意] M. 利维-巴奇、冯炳昆:"各国人口政策比较观",载《国际社会科学杂志(中文版)》1995年第3期。
[10] 董智勇、司洪生:"德国森林经营历史经验的借鉴",载《世界林业研究》1996年第4期。
[11] 邹玉川:"耕地:我们的生命线",载《农民致富之友》1996年第4期。
[12] 邹玉川:"保持耕地总量动态平衡",载《中外房地产导报》1996年第14期。
[13] 黄硕琳:"国际渔业管理制度的最新发展及我国渔业所面临的挑战",载《上海水产大学学报》1998年第3期。
[14] 吴耀军:"论'接近自然的林业'",载《广西林业科学》2000年第2期。
[15] 徐祥民:"关于建立排污权转让制度的几点思考",载《环境保护》2002年第12期。
[16] 徐祥民:"荀子的'分'与环境法的本位",载《当代法学》2002年第12期。
[17] 田仁生、邹首民、张治忠:"污染物排放总量控制工作的若干思考和建议",载《上海环境科学》2003年第7期。
[18] 方堃:"中日大气污染总量控制制度比较及立法启示",载《环境科学与技术》2005年第1期。
[19] 李聪:"中国北方五省区草畜平衡现状及管理措施调研报告",载《2006年天然草原共管国际研讨会》2006年5月13日。
[20] 武卫政:"'区域限批'能否打在痛处?",载《环境经济》2007年第3期。
[21] 齐有主:"以环境质量倒推法促进污染物排放总量控制",载《中国环境管理丛书》2007年第4期。
[22] 于雷、吴舜泽、徐毅:"我国水环境容量研究应用回顾及展望",载《环境保护》2007年第6期。
[23] 梁江涛:"'区域限批'不应是环保局独角戏",载《环境经济》

2007 年第 8 期。
[24] 徐祥民："和谐社会建设的基础——人类与自然的和谐"，载马灵喜主编：《和谐社会与法治建设专题研究》，中国人民公安大学出版社 2008 年版。
[25] 陈羿汀："我国污染物总量控制制度的缺陷与完善——以太湖水污染为例"，载《天水行政学院学报》2008 年第 3 期。
[26] 杨龙、王晓燕："水污染物排放总量控制的体系研究"，载《环境监测管理与技术》2008 年第 3 期。
[27] 于淑文、李百齐："以科学发展观为指导 大力加强海岸带管理"，载《中国行政管理》2008 年第 12 期。
[28] 胡玉坤："人口与资源环境的冲突：回眸与前瞻"，载唐晋主编：《大国战略》，华文出版社 2009 年版。
[29] 曹树青："区域限批制度的法律解读"，载《西部法学评论》2009 年第 2 期。
[30] 曲格平："中国环境保护事业任重道远"，载《环境保护》2009 年第 5 期。
[31] 朱谦："对特定企业集团的环评限批应谨慎实施——从华能集团、华电集团的环评限批说起"，载《法学》2009 年第 8 期。
[32] 曾贤刚等："规划环评条例促'区域限批'走向成熟"，载《环境保护》2010 年第 4 期。
[33] 靳相木、沈子龙："新增建设用地管理的'配额-交易'模型——与排污权交易制度的对比研究"，载《中国人口·资源与环境》2010 年第 7 期。
[34] 王金南等："'十二五'时期污染物排放总量控制路线图分析"，载《中国人口·资源与环境》2010 年第 8 期。
[35] 韩冰："《水污染防治法》中区域限批制度的几点思考"，载《环境科技》2011 年第 4 期。
[36] 黄桂琴："论瑞典森林法及对我国的启示"，载《河北法学》2011 年第 6 期。
[37] 张金香、冯海波、万宝春："构建我国排污权交易制度的法律思考"，

载《经济论坛》2011 年第 6 期。

[38] 李鑫，欧名豪：“建设用地供给创新：总量控制+差别化调控”，载《中国土地》2011 年第 8 期。

[39] 王公芹：“耕地总量动态平衡探索——以山东省平邑县为例”，载《山东国土资源》2011 年第 8 期。

[40] 李艳波、李文军：“草畜平衡制度为何难以实现‘草畜平衡’”，载《中国农业大学学报（社会科学版）》2012 年第 1 期。

[41] 吕成：“论区域限批的性质界定”，载《河南社会科学》2012 年第 3 期。

[42] 郑太福、唐双娥：“应对气候变化的建设用地总量控制制度之完善”，载《求索》2012 年第 7 期。

[43] 周玮：“论污染物排放的季节性总量控制”，载《中国环境管理》2013 年第 6 期。

[44] 刘琼等：“建设用地总量的区域差别化配置研究——以江苏省为例”，载《中国人口·资源与环境》2013 年第 12 期。

[45] 张耀华：“现行耕地保护法律制度研究”，载《人民论坛》2013 年第 26 期。

[46] 竺效：“论新《环境保护法》中的环评区域限批制度”，载《法学》2014 年第 6 期。

[47] 靳错：“基于环境保护污染物排放总量控制研究”，载《科技展望》2014 年第 18 期。

[48] 李兴锋：“总量控制需要专项立法”，载《环境经济》2015 年第 2 期。

[49] Donald J. Brady，“Managing the Water Program”，*Journal of Environment Engineering*，2004（6）.

四、报纸

[1] 吴舜泽：“将总量控制完善发展为生态文明建设基本制度”，载《中国环境报》2013 年 11 月 12 日。

[2] 吴舜泽：“综合动态辩证地看待总量控制制度”，载《中国环境报》

2013 年 11 月 7 日。
[3] 闫海超:“总量控制制度还缺什么?”,载《中国环境报》2012 年 5 月 21 日。
[4] 黄婷婷:“总量控制为何成为环评前置条件?”,载《中国环境报》2011 年 11 月 8 日。
[5] 李青丰:“对目前草畜平衡管理的商榷及思变”,载《中国畜牧报》2004 年 11 月 14 日。

五、网站资料

[1] 国合会流域综合管理课题组:“国合会流域综合管理课题组报告——推进流域综合管理 重建中国生命之河”,载 http://www.china.com.cn/tech/zhuanti/wyh/2008-06/23/content_15874006.htm,访问时间:2012 年 12 月 11 日。
[2] “大气污染 12 地区联防联控”,载 http://www.howbuy.com/news/1349626.html,访问时间:2012 年 12 月 11 日。
[3] 毕军、叶维丽:“排污权交易:环境管理双刃剑”,载 http://www.p5w.net/news/xwpl/200905/t2349715.htm,访问时间:2012 年 12 月 11 日。
[4] “土地承载力”,载 http://baike.baidu.com/view/814794.htm? fr = aladdin,访问时间:2014 年 7 月 22 日。
[5] “人口论”,载 http://baike.baidu.com/link? url=YOWzQ1VKH463rQ1YQ3-xMB87JMoY793iSnurRVwp1oO3mX2yCA2hdZC1ZjxLetR7_ iuBrlsPEY85vwsNaGgf1q,访问时间:2014 年 7 月 26 日。
[6] “丹尼斯·米都斯”,载 http://baike.baidu.com/link? url=vL5oYhuxJYL3_ohJg9gawkuV7P26hnt7ue3UT5X3QqXMYpPtVel-LTKJKvBK1M2y,访问时间:2014 年 8 月 12 日。
[7] “力争完成 25 条跨省重要江河流域水量分配”,载 http://www.chinawater.com.cn/ztgz/xwzt/sj2012/201203/t20120308_215727.html,访问时间:2015 年 9 月 17 日。
[8] “七大流域现状大调查:水资源分布不均且过度开发”,载 http://news.bjx.com.cn/html/20140422/505676.shtml,访问时间:2015 年 9

月 17 日。

[9] “七大江河流域综合规划全部获批”，载 http://news.xinhuanet.com/finance/2013-03/12/c_124446440.htm，访问时间：2015 年 9 月 18 日。

[10] 时和昌：“谁来保护我们的生命线”，载 http://www.people.com.cn/GB/channel1/11/20001127/328283.html，访问时间：2016 年 1 月 17 日。

[11] 王国钟：“内蒙古牧区草畜平衡工作开展情况的调研报告”，载 http://www.nmagri.gov.cn/zxq/scdt/15042.shtml，访问时间：2016 年 1 月 17 日。

[12] 侯典超、李向林：“草畜平衡研究现状与发展趋势”，载 http://www.chinadigitalgrass.com/show.aspx? articleid=17，访问时间：2016 年 1 月 17 日。

[13] 农业部草原监理中心：“完善法律法规 严格禁牧休牧和草畜平衡制度 确保草原生态保护补助奖励政策实施效果”，载 http://www.grassland.gov.cn/Grassland-new/Item/2873.aspx，访问时间：2016 年 1 月 17 日。

[14] 杨坚：“中国渔业发展现状及发展规划”，载 http://fsc.shou.edu.cn/neibu/2-zyfzdh.htm，访问时间：2016 年 3 月 16.

[15] “高耗能项目引入区域限批节能未达标或遭审批‘连坐’”，载 http://news.xinhuanet.com/fortune/2012-02/28/c_122762713.htm，访问时间：2016 年 4 月 1 日。

[16] 孟伟：“生态文明与水环境保护策略——孟伟院士在科协第七届年会上作特邀学术报告”，载 http://www.chem17.com/news/Detail/60402.html，访问时间：2016 年 4 月 10 日。

[17] “配额捕捞制度”，载 http://baike.baidu.com/view/2194834.htm，访问时间：2016 年 4 月 11 日。

[18] “国家环保十三五规划纲要”，载 http://yjbys.com/jiuyezhidao/fanwen/qitafanwen/863510.html，访问时间：2016 年 4 月 16 日。

[19] “华润电力脱硫造假 骗取国家补助超千万”，载 http://news.xinhuanet.com/energy/2014-06/14/c_126618267.htm，访问时间：2016 年 11

月 8 日。
[20]“环保部开出今年区域限批最大罚单”，载 http://finance.qq.com/a/20140613/000548.htm，访问时间：2016 年 11 月 8 日。

六、公报、报告

[1]《1997 年中国水资源公报》。
[2]《1998 年中国水资源公报》。
[3]《1999 年中国水资源公报》。
[4]《2000 年中国水资源公报》。
[5]《2001 年中国水资源公报》。
[6]《2002 年中国水资源公报》。
[7]《2003 年中国水资源公报》。
[8]《2004 年中国水资源公报》。
[9]《2005 年中国水资源公报》。
[10]《2006 年中国水资源公报》。
[11]《2007 年中国水资源公报》。
[12]《2008 年中国水资源公报》。
[13]《2009 年中国水资源公报》。
[14]《2010 年中国水资源公报》。
[15]《2011 年中国水资源公报》。
[16]《2012 年中国水资源公报》。
[17]《2013 年中国水资源公报》。
[18]《2014 年中国水资源公报》。
[19]《2015 年中国水资源公报》。
[20]《2001 年中国国土资源公报》。
[21]《2002 年中国国土资源公报》。
[22]《2003 年中国国土资源公报》。
[23]《2004 年中国国土资源公报》。
[24]《2005 年中国国土资源公报》。
[25]《2006 年中国国土资源公报》。

[26]《2007 年中国国土资源公报》。
[27]《2008 年中国国土资源公报》。
[28]《2009 年中国国土资源公报》。
[29]《2010 年中国国土资源公报》。
[30]《2001 年中国国土资源公报》。
[31]《2012 年中国国土资源公报》。
[32]《2013 年中国国土资源公报》。
[33]《2014 年中国国土资源公报》。
[34]《2015 年中国国土资源公报》。
[35]《2006 年中国国土绿化状况公报》。
[36]《2009 年中国国土绿化状况公报》。
[37]《2011 年中国国土绿化状况公报》。
[38]《2012 年中国国土绿化状况公报》。
[39]《2013 年中国国土绿化状况公报》。
[40]《2006 年全国草原监测报告》。
[41]《2007 年全国草原监测报告》。
[42]《2008 年全国草原监测报告》。
[43]《2009 年全国草原监测报告》。
[44]《2010 年全国草原监测报告》。
[45]《2011 年全国草原监测报告》。
[46]《2012 年全国草原监测报告》。
[47]《2013 年全国草原监测报告》。
[48]《2014 年全国草原监测报告》。
[49]《2015 年全国草原监测报告》。
[50]《2016 年全国草原监测报告》。
[51]《全国环境统计公报》（2011 年）。
[52]《全国环境统计公报》（2012 年）。
[53]《全国环境统计公报》（2013 年）。
[54]《全国环境统计公报》（2014 年）。

七、公约、宣言

[1]《我们共同的未来》。
[2]《人类环境会议宣言》。
[3]《世界自然宪章》。
[4]《南极海洋生物资源养护公约》。
[5]《保护臭氧层维也纳公约》。
[6]《关于森林问题的原则声明》。
[7]《联合国气候变化框架公约》。
[8]《蒙特利尔议定书》。
[9]《生物多样性公约》。
[10]《联合国海洋法公约》。
[11]《里约环境与发展宣言》。

后　记

当我读硕士研究生期间，在导师徐祥民教授的建议下，我开始研究污染物排放总量控制制度，并将此作为我硕士学位论文的选题。在硕士毕业继续攻读博士研究生期间，我依然持续关注污染物排放总量控制制度的研究动态和最近进展。在博士一年级的时候，继续担任我导师的徐祥民教授让我做了一项工作，建议我不要只是聚焦污染物排放总量控制制度，而是做一个回溯研究，考查整个总量控制制度的由来以及发展历程。经过近一年的时间，我完成了这一项工作，并形成了约九万字的研究报告，之后，几经修改，形成了本书的初稿，并命名为《总量控制制度的由来和中国实践》，此文虽不能被称为佳作，但还是凝聚了我多年心血进行的一项理论探究，希望有所裨益。

在此文写作的过程中，我加深了对环境法的理解，我获得了更多人生宝贵财富，更让我时时刻刻怀有一颗感恩之心，对下列老师、同学表示由衷的谢意。首先，谢谢我的导师——徐祥民教授。能成为老师的学生，并跟老师学习，是我在求学生涯中最为自豪的事情，时刻记住老师的叮咛、时刻铭记老师的教诲，时刻感恩老师的指导。其次，谢谢中国海洋大学的田其云教授、马英杰教授。虽然你们不是我的导师，但你们在我求学生涯中依然给予帮助与支持，让我获得更多的知识与人生经验。再次，谢谢我在中国海洋大学求学期间认识的同学、师兄、师姐以及学弟、学妹们，你们的陪伴让我觉得我不是一个人，我会一直记得与你们在中国海洋大学度过的校园时光；最后，谢谢我的家人，父母的恩情永远是报答不完的，你们的支持与鼓励一直是我在二十几年求学生涯过程中不断前进的动力，真的很感谢我的爸爸、妈妈，你们的大爱我将永远一生铭记感恩在心中；“愿得一人心、白首不分离”是对爱情的向往，是内心的期盼，很幸运，在我读博的最后一年，我遇见了那个对的人，谢谢你的陪伴、你的鼓励、你的支持、你的大度，能包容我偶尔的任性与坏脾气，还要谢谢你带我去看外面的世界，让我的生活充满色彩。

即将离开校园走上工作岗位，我会时刻谨记“海纳百川取则行远”的中国海洋大学校训，踏实地走好每一步。我也会时刻怀着对环境法的热爱继续从事我的学术研究，这是我最大的快乐。不久的将来，在教书育人的那三尺讲台上，我会践行自己许下的诺言，成为一名好老师。

一切安好，继续前进，不忘初心！

宋福敏

2017年3月16日

中国海洋大学崂山校区图书馆